내 아이를 위한

완벽한 교육법

지능·재능·환경을 뛰어넘어 자녀의 공부와 성공 IQ를 키워주는 법

내 아이를 위한 완벽한 교육법

앤드루 풀러 지음 | 백지선 옮김

아이가 똑똑해지길 바란다면 동화책을 읽어줘라.
더 똑똑해지길 바란다면 더 많이 읽어줘라.
- 알베르트 아인슈타인

아이에게 가장 중요한 선생님은 자신이라는 사실을 모르는,
이 세상의 모든 부모와 조부모, 친척 어른에게 이 책을 바칩니다.

아이에게 꼭 전해야 할 편지

알고 있니? 너는 이미 우리에게 살아 있는 전설이란다. 너의 두뇌는 놀라운 천재성을 품고 있지. 네가 아는 제일 똑똑한 사람을 떠올려보렴. 너도 그 사람처럼 유능하고 창의적이고 똑똑해질 수 있단다.

하지만 그렇다고 네 머리만 믿으라는 얘긴 아니야. 계속 시도하고 또 시도해야 해. 시험을 볼 때마다 높은 점수를 얻고, 시합마다 이기고, 원하기만 하면 어디든 합격할 수 있는 사람은 아무도 없단다. 그리고 무슨 일을 하든 매번 성공할 필요도 없지. 실수를 하거나 답을 틀리거나 원하는 결과를 얻지 못했을 때, 오히려 그 실패를 교훈 삼아 더 똑똑해질 수 있거든. 그렇게 노력하고 연습하면서 천재가 되는 거란다.

너무 어렵다고 느껴지는 일도 있을 거야. 네 능력을 시험하게 되는 순간들이지. 그래도 계속 도전해야 해. 그 어려움을 이겨낼 너만의 강점이 분명히 있으니 꼭 찾아내렴.

포기하고 싶어질 때도 종종 있을 거야. 괜히 덤벼들었다가 실패하느니 하지 않는 편이 낫다고 생각되는 일 말이지. 그건 사실, 불안해진 네 뇌가 그 일을 포기하도록 조종하는 거란다. 네가 정말 원하는 일이거나 아주 중요한 일이라면 뇌의 유혹을 물리쳐야 해. 당차게 도전해봐. 한두 번은 실패하더라도 그 실패 덕에 다음번엔 더 잘하게 될 거야.

배움은 삶에서 누릴 수 있는 가장 큰 즐거움 중 하나란다. 즐겁게 배울 방법, 특히 따분한 지식을 즐겁게 습득할 방법을 찾아보렴. 훌륭한 사상과 책, 예술, 영화, 대화를 늘 가까이하면 네 두뇌는 꾀 부리기를 멈추고 감춰왔던 능력을 마음껏 발휘할 거야. 대부분은 무언가를 배운다는 사실만으로도 흥미롭지만, 때로는 배운 내용을 기억해내고 활용하면서 더 멋진 경험을 할 수 있단다.

무엇보다, 네가 어떤 일에 실패하든 성공하든 우리는 변함없이 너를 사랑한다는 사실을 기억하렴. 네가 이미 지닌 능력을 발휘해 놀라운 인생을 개척하길 바란다.

- 너를 사랑하고 믿는 엄마 아빠가

•서문

대부분의 아이는 천재로 태어나지만 그들의 부모에 의해 평범해진다

아이는 채워야 하는 꽃병이 아니라 피워야 하는 불이다.

– 프랑수아 라블레

호주 북부의 드넓은 사막에는 원주민인 라라키아 부족이 살고 있다. 우기가 다가오면, 메마른 대지 위로 먹구름이 잔뜩 몰려와 공기는 습기를 가득 머금는다. 우르릉거리는 천둥소리가 밤공기를 울리고 번쩍이는 번개가 밤하늘을 가르면 그 사이로 번개 인간이 나타나 춤을 춘다. 부족의 원로 빌라웨어는 사막에서 살아가는 데 가장 중요한 일이 불을 피우고 유지하는 것이라고 말했다. 불을 피우려면 엄청난 인내와 노력이 필요했는데, 간혹 번개가 쳐 불을 손쉽게 얻을 때가 있었다. 부족민들은 이 불을 번개 형제가 준 귀한 선물이라 여겼고, 횃불을 만들어 집집마다 조심스레 불꽃을 옮겼다.

불을 전달하는 이 의식은 아이의 천재성을 끌어내는 과정과 비슷하다. 아이와 함께 세상을 탐색하고 아이가 품고 있는 천재성의 불꽃을 최대한 퍼트리는 부모는 아이의 호기심과 능력을 개발하고 키워줄 수 있다. 아이가 어릴 때 천재성의 불꽃에 연료를 공급하는 일은 시간이 많이 걸리기는 하지만 어렵지 않다. 그저 아이의 관심사를 좇고, 아이가 자신의 생각에 싹을 틔우는 모습을 지켜보고, 아이가 세상 속에 굳건히 자리 잡도록 격려하면 된다. 그 과정에서 부모의 가슴은 경이로움으로 벅차오른다.

그러나 아동기의 중반에 접어들면, 처음에는 그토록 밝게 타오르던 천재성의 불꽃이 약해지거나 완전히 꺼지는 위기를 맞는다. 그래서 도전과 실수를 두려워하게 된다. 이를 그냥 두면, 안타깝게도 타고난 능력을 채 꽃피우지 못하고 자아만 강해진다. 이 꺼져가는 불꽃을 되살릴 수 있는 사람은 부모밖에 없다.

다행히 우리 곁에는 최고의 실험실인 '세상'이 늘 대기 중이다. 아이와 함께 세상을 탐색하고, 세상을 만들고, 세상을 놀이터 삼아 노는 부모는 아이의 사고를 넓힐 수 있다. 시간을 내 함께 탐구하면서 기뻐하고 놀라고 궁금해하는 부모는 아이의 불꽃을 꺼트리지 않으며, 그 불꽃은 아이의 내면에서 평생 활활 타오른다. 이 얼마나 멋진 선물인가.

나는 아이들이 저마다의 잠재력을 남김없이 찾아내길 바라는 마음으로 이 책을 썼다. 모든 아이는 자신이나 부모가 생각하는 것보다 훨씬 더 큰 가능성과 능력을 내면에 품고 있다. 이 책은 그 잠재력을 끌어낼 방법을 제시한다. 아이를 다그쳐 성공을 앞당기거나 불면 날아갈세라 전전긍

긍하며 보호하거나 몇 년씩 월반시키는 방법이 아니라, 아이의 타고난 능력이 빛을 발하도록 이끄는 계획적인 양육법이다. 아이가 자신만의 방식으로 창의력과 상상력을 꽃피우고 개발하도록 이끄는 방법이다. 본문에서 차차 다루겠지만 이 방법은 노력보다는 놀이와 재미, 탐구에 훨씬 더 집중한다. 물론 열심히 노력하는 것도 가치가 있지만, 노력의 일부를 놀이로 바꾸면 성공 가능성이 훨씬 커진다.

몇 년 전까지만 해도 사람들은 인간의 뇌가 8세 즈음에 성장을 멈춘다고 믿었다. 그러나 신경과학이 발전한 덕분에 그 믿음은 지구가 평평하다는 것만큼이나 허황된 소리가 됐다. 지능은 선천적이어서 바꿀 수 없다는 믿음 또한 신경과학의 활약으로 종말을 고했다.

오늘날에는 '천재'라는 단어의 뜻이 바뀌고 있다. 중세 이전에는 '천재'가 인간이라면 누구나 지니고 있는 번뜩이는 불꽃이나 호기심을 뜻했다. 하지만 언제부턴가 아주 높은 수준의 기술을 보유한 소수의 엘리트를 뜻하는 단어로 점차 바뀌었고, 천재가 아닌 대다수의 사람은 그저 손 놓고 빈둥거리며 똑똑한 천재가 답을 구할 때까지 기다리는 존재로 인식되기 시작했다.

그러나 천재라 불리는 사람들과 조금만 함께 있어 보면 어떤 분야를 제외하고는 상당히 무지하고 우둔하다는 사실을 깨닫게 된다. 마찬가지로, 영리하지 않다는 꼬리표가 붙은 아이들과 조금만 함께 있어 보면 전부는 아니더라도 대부분은 특정 분야에서 놀라울 정도의 창의성과 기술을 발휘한다는 사실이 드러난다.

어떤 아이든 토대가 되는 기술과 지식을 개발하면 내면의 천재성을 남김없이 발현할 수 있다. 이 책은 아이의 관심과 열정이 어느 쪽으로 향하든, 아이에게 큰 힘이 되는 기술들을 개발하는 방법을 다룬다. 자기 이해, 집중력, 의사결정 능력, 상상력, 의욕, 투지, 기억력, 창의력이 바로 그 기술들이다. 이 일에는 부모의 도움이 꼭 필요하다. 아이의 천재성은 부모의 계획과 격려, 탐구와 지원을 바탕으로 아이 스스로 내면의 불꽃을 발견해야만 비로소 발현될 수 있다. 갈수록 세상의 목소리는 공부는 더 하고 노는 건 덜 하는 아이를 요구하지만, 부모는 아이가 더 많이 놀도록 이끌어야 한다. 신나게 놀면서 성찰하고 숙고하고 분석하며, 무엇보다 더 큰 꿈을 꾸도록 도와야 한다.

아이의 천재성에 불을 붙이는 방법을 찾으려면, 호주 원주민의 불에 관한 의식뿐 아니라 널리 알려진 '물 반 컵'의 개념을 이해할 필요가 있다. 관점이라는 게 굉장히 중요하기 때문이다. 낙관론자는 유리컵에 물이 반쯤 차 있다고 할 테고 비관론자는 물이 반쯤 비어 있다고 할 것이다. 그런데 수년간 아이들을 관찰하며 깨달은 바에 따르면 컵의 반이 비어 있다고 보든 차 있다고 보든, 나머지 부분을 채워 넣기 위해 부모가 할 수 있는 일은 거의 없다. 아이의 컵에 이미 담긴 것이 무엇인지를 파악해 아이가 그것을 소중히 여기도록 도울 수 있을 뿐이다. 아이의 컵에 담긴 것을 건전지에 비유하든 가슴 속의 야망이나 열정에 비유하든, 핵심은 아이의 강점을 파악해 키우는 것이다.

이 책에 제시된 교육 방법은 대다수 부모가 알고 있는 방법과는 다를 것이다. 우리는 지금 텔레비전 화면은 점점 더 커지고, 아이들은 점점 더 뚱뚱해지고 불안해지고 소심해지는 세상에 살고 있다. 학교는 노력과 투지, 상상력, 도전 의지 같은 천재성을 가늠하는 핵심 요소보다 국어, 수학, 과학 과목의 점수로 아이들의 등급을 매긴다. 학교 교육의 효과를 판단할 때도 긍정적 인간관계, 유사점과 차이점을 찾는 능력, 필기법, 평가를 하거나 활용하는 법 등 학업의 효율을 좌우하는 기술을 얼마나 잘 가르치는지는 고려하지 않는다.[1]

이 책은 급하게 읽거나 한 번에 쭉 읽을 책이 아니다. 내용을 곱씹을 수 있도록 시간을 들여 천천히 읽길 바란다. 아이의 잠재력을 즉각적으로 끌어내는 방법도 물론 있지만, 차근차근 밟아가야 효과가 나타나는 방법에 중점을 두기 때문이다.

예를 들어 장기적으로 아이의 성장을 돕는 가장 강력한 방법 중 하나는 아이에게 다양한 경험을 할 기회를 제공하는 것이다. 2장 맨 끝에 실린 추천 활동을 참고하면 앞으로 몇 달 동안 아이와 어떤 활동을 함께 하면 좋을지 계획을 짤 수 있을 것이다. 즉각적으로 효과를 볼 수 있는 방법은 14장과 15장을 참고하면 된다.

각 장 맨 끝에는 아이의 흥미와 열정을 북돋아 잠재력을 끌어내는 다양한 경험과 놀이, 활동을 목록으로 정리해두었다. 각각의 목록을 훑어보면서 앞으로 해볼 만한 활동을 뽑아 아이와 함께 시작하길 바란다.

시간이 걸리는 장기 프로젝트를 시도할 때 꼭 부담을 느낄 필요는 없다. 창의성과 독창성, 인성을 쌓는 일은 평생이 걸리는 작업이다. 아이의 잠재력을 끌어내는 일관된 양육을 할 준비가 됐다면, 이 책을 한 번에 한 장씩 읽은 뒤 나와 내 아이를 위해 어떤 변화와 기회를 만들 수 있을지 고민해라. 토끼와 거북이 이야기가 주는 교훈을 떠올려라. 느려도 꾸준히 노력하면 경주에서 이길 수 있다.

부디 아이와 즐겁게 놀며 놀라운 변화를 만들어가기 바란다.

- 앤드루 풀러

덧붙임 이 책에서 말하는 '부모'는 아이를 키우거나 돌보는 모든 어른, 즉 부모는 물론 조부모, 친척 어른, 보호자 등을 뜻한다.

차례

1장

아이의 잠재력을 끌어낼 사람은 부모다

!

선생님이 지각한 학생에게 늦게 온 이유를 물었다.

학생이 답했다. "길이 너무 축축하고 미끄러워 한 걸음 내디딜 때마다 두 걸음씩 뒤로 미끄러졌어요."

선생님이 어이가 없다는 듯 다시 물었다. "그런데 어떻게 학교에 왔지?"

학생이 답했다. "뒤로 돌아 집을 향해 걸었더니 결국 학교에 도착하더라고요!"

아이들은 천재다. 자신은 물론 부모들도 제대로 깨닫진 못했을 테지만, 아주 큰 가능성을 품고 있다. 더욱이 요즘 아이들은 역사상 가장 똑똑한 세대다. 최신 버전으로 업그레이드된 인류인 셈이다.

요즘 아이들은 1950년대의 아이들보다 평균 40% 더 똑똑하다. 20세기 들어 아이들의 평균 지능지수IQ는 10년마다 3포인트씩 상승했다. 이 추세는 계속되고 있고, 상승 속도는 갈수록 더 빨라질 것으로 보인다.[1] 그뿐 아니라 뇌의 능력을 보완하고 강화하는 엄청난 수준의 기술(노트북, 스마트폰, 인터넷 등)까지 더해져 인간의 지능은 기하급수적이고 폭발적으로 향상됐다. 2012년에 전문가들이 추산한 바에 따르면, 인간이 매일 처리하는 정보의 양은 1986년에 비해 5배 많아졌다.[2]

이러한 지능의 향상은 의도적인 개입의 결과가 아니라 자연스럽게 이뤄진 것이다. 그러니 옆에서 약간의 자극을 더한다면 더 놀라운 결과를 얻지 않겠는가. 봄이 되면 새싹이 돋아나듯 때가 되면 아이의 능력이 꽃피길 기다리지 말고, 주도적으로 자양분을 공급해보자. 그러면 아이의 지능은 상상할 수 없을 만큼 높아질 것이다!

역사적으로 볼 때 21세기의 천재는 다방면에 능통했던 르네상스 시대의 예술가와 가장 비슷하다. 오늘날의 천재는 생각의 그물을 짜는 사람이다. 다양한 자료에서 지식을 습득하고, 그 지식을 독창적으로 통합해 다양한 환경에 혁신적으로 적용하는 사람이다.

아이에게 가장 중요한 선생님, 부모

아이의 잠재력을 끌어내려면 학교에만 의존해서는 안 된다. 아이가 태어나 처음으로 만나는 선생님이자 가장 중요한 선생님은 부모이기 때문이다.

학교 선생님이 아이들을 위해 최선을 다한다 하더라도, 한 번에 많은 학생을 상대해야 하기 때문에 영향력이 그렇게 크지 않다. 학교는 각종 지침과 예산의 제약도 받는다. 그뿐인가. 일부 교육 관료 집단은 학습 방법에 관한 새로운 연구 결과를 잘 받아들이려 하지 않으며, 아이들이 교실에서 배운 지식을 어떻게 활용할 수 있는가에 대해서도 그다지 관심이 없다. 아이가 날아오르려면 아이의 기량과 호기심, 열정, 집중력을 키워주고자 노력하는 선생님에게 힘을 보태야 한다.

아이가 학교에서 보내는 시간은 하루 중 10~15%에 불과하다. 학교에 있는 시간보다 오히려 잠자는 시간(33%)이 더 길다. 나머지 52%의 시간 동안 집에서 빈둥거리고 놀면서 인생을 배우는 것이다. 바로 이 시간에 하는 일이 아이의 성장에 가장 큰 영향을 미친다. 그러므로 아이의 잠재력을 끌어낼 가장 강력한 힘을 지닌 사람은 아이와 가장 많은 시간을 보내며 아이를 가장 많이 사랑하는, 바로 당신이다.

미래에도 학교에서 얻는 지식은 그리 많지 않을 것이다. 전문가들은 2030년경이 되면 지금은 존재하지도 않는 직업이 직업 목록의 대부분을 차지하리라고 예상한다. 직업에 필요한 지식의 양은 3년마다 2배씩 증가하고 있다. 조사에 따르면, 50년 전에는 고등학교를 졸업하면 직장생활에 필요한 지식의 75%를 습득할 수 있었다. 하지만 오늘날에는 고등학교를 졸업해도 고작 2%의 지식밖에 얻지 못한다![3]

따라서 아이가 현재뿐 아니라 미래에도 성공하도록 토대를 닦으려면 배우는 능력과 배우고자 하는 호기심을 심어줘야 한다. 앞으로 아이들은 이전 세대가 접한 적도 없을 뿐 아니라 생각조차 하지 못했던 문제들을 해결하기 위해 창의적인 사고력을 발휘해야 할 것이다. 어떻게 하면 우리의 아이들을 중요한 문제를 깊이 성찰하여 변화하는 세상의 요구에 발맞추는 시민으로 키울 수 있을지 고민해야 한다는 뜻이다.

21세기의 천재는 다양한 자료에서 정보가 아닌 지혜를 습득하고, 그 지혜를 새롭게 결합하고 재배치하며, 그 과정에서 도출된 생각과 해결책을 예기치 못한 새로운 문제 상황에 적용할 수 있는 사람이다.

똑똑해졌지만 멍청해진 아이들

어린아이가 배우는 모습을 관찰해보라. 아이들은 무언가를 배울 때 활기와 열의가 넘친다. 주변의 모든 것을 탐색하고, 온 집 안을 뒤집어엎고, 야생의 모험을 꿈꾸고, 단편적인 사실들 사이에서 놀라운 연관성을 찾아내면서 부모의 진을 쏙 빼놓는다.

그런데 이러한 탐구 정신은 공식적인 교육을 받기 시작하면서 점점 사그라든다. 예를 들어 네 살 때는 2분마다 한 번씩 '왜'라고 묻던 아이가 유치원에 들어가서는 1시간에 고작 2~3개의 질문밖에 하지 않는다.

좀더 자라 중학생이 되면 어떨까? 10대 청소년들은 따분한 표정으로 무기력하게 책상에 엎드린 채 그 무엇도 시도하려 하지 않는다. 친구들에게 놀림을 당하거나 틀리는 것이 두려워서다. 설상가상으로, 어떤 학생들은 너무 똑똑하다는 이유로 따돌림을 당할까 봐 자신의 잠재력을 일부러 숨긴다.

초등학생과 중학생에게 다음과 같은 질문을 한다고 해보자. "17마리의 양과 3마리의 늑대가 있다. 양치기의 나이는 몇 살일까?" 초등학교 1학년 아이들은 대부분 "그걸 어떻게 알아요?"라고 되묻지만, 안타깝게도 중학생은 상당수가 "20살이요"라고 답한다. 언제부터인가 사고가 멈춘 것이다.

새로운 생각을 탐구하려는 의욕이 급감하기 시작하는 것은 초등학교 3~4학년 무렵부터다. 빠르면 유치원에 다닐 때부터 징후가 나타나, 심지어 어떤 여자아이들은 툭하면 수학이 여자보다 남자에게 더 중요하다는 말을 한다!

이 아이들의 머릿속에서 대체 무슨 일이 일어난 걸까? 자랄수록 타고난 호기심은 줄어들고 상상력은 꺾인다. 순위를 매기고 싶어 하는 어른들의 욕심 탓에 창의성도 말살된다. 역사적으로 인간은 항상 서로에게 등급을 매기고 계급을 나눴다. 마치 너도나도 '누가 누구보다 잘하나' 게임을 하고 싶어 안달하는 것처럼 보인다. 이 게임은 부족 사회에서 사냥이나 요리를 제일 잘하는 사람을 뽑을 때는 유용했겠지만, 현대 사회에서는 사회 전체에 큰 손실을 가져온다.

아이들은 아주 일찍부터 등급제가 존재한다는 사실을 깨닫는다. 어른들이 매길 뿐 아니라 자기들끼리도 서열을 매긴다. 아이들은 주변의 어른들이 무엇을 중요하게 생각하는지 예리하게 알아차린다. 학습 의욕이 높던 아이가 한순간에 무관심한 아이로 바뀌는 건 이 때문이다. 어떤 아이들은 튀지 않고 친구들과 무난하게 지내는 것이 더 좋다고 판단하고, 어떤 아이들은 학습에 따르는 보상에 너무 익숙해져 배움의 즐거움을 잃어버린다. 자신이 성공하는 것은 불가능하다고 일찍이 결론을 내리는 아이들도 있다.

등급을 매기고 비교를 할수록 아이들은 자신의 지능에 제한을 두고, 호기심이 줄어들어 질문을 덜 하고, 내면에 숨은 불꽃이 사그라져 잠재력을 덜 발휘한다. 더 소심해지고 걱정이 많아질 수도 있다. 논리적으로 사고하는 능력과 특정 행동의 결과를 인식하는 능력이 높아지면, 대개는 상상력보다는 불안감이 커진다.

부모가 아이의 인생에서 가장 중요한 선생님이 돼야 한다는 말이 부담스러운가? 하지만 걱정할 것 없다. 부모로서 지향점이 무엇인지를 명확히 설정하기만 하면 된다. 아이가 다양한 활동과 이야기, 그림, 생각, 기술을 경험하면서 내면의 잠재력을 스스로 찾도록 이끄는 일은 그다지 어렵지 않다. 다만, 계획적으로 접근해야 한다.

이 책은 바로 그 계획을 도울 것이다. 부모가 정답을 모두 알 필요는 없지만, 자기만의 역동적인 방식으로 아이의 타고난 재능을 끌어내려면 대담해질 필요는 있다.

허황된 속설을 믿지 말라

아이에게 가장 중요한 선생님이 되려면 머릿속부터 깨끗이 청소해야 한다. 특히 천재성과 관련하여 흔히 얘기하는 속설에서 벗어나야 한다.

{속설 1}··· 지능은 바꿀 수 없다

학교는 아이들에게 정답은 하나뿐이라고 가르친다. 그 답은 선생님이 알고 있으며, 책 맨 뒤에 나와 있다. 글을 쓰고 강연을 하는 켄 로빈슨 경Sir Ken Robinson은 아이들은 대부분 천재지만, 학교와 사회가 적극적으로 그 천재성을 죽이고 있다고 주장한다. 그는 '확산적 사고'라는 개념을 주장했는데, 예컨대 먼지떨이의 다양한 용도를 고민하는 것과 같은 일종의 창의적 사고를 가리킨다. 이에 관한 연구에 따르면, 어린아이는 누구나 천재적이고 새로운 발상을 할 수 있지만 이 능력은 공교육을 받으면서부터 서서히 줄어든다.[4] 답이 수없이 많은 세상에서 정답이 하나뿐인 세상으로 옮겨가는 것이다. 그 과정에서 아이들은 마음의 문을 닫는다. 그 문을 다시 열려면 어떻게 해야 할까?

우리는 흔히 지능은 타고나는 것이라 '불만족스러워도' 참고 살아야 한다고 믿는다. 심지어 아이들도 그렇게 믿는데, 이는 사실이 아니다. 지능은 고정적이지 않으며 평생에 걸쳐 바뀐다. 앞서 언급했듯 우리의 아이들은 점점 똑똑해져 평균 지능지수가 꾸준히 상승하고 있다.

뇌가 지식을 습득하는 과정은 10년 전에 비해 굉장히 많은 부분이 밝혀졌다. 신경망이 생성되는 다양한 기전이 밝혀져 뇌의 가소성이 입증되었으며, 빠르고 능률적인 사고를 가능하게 하는 말이집(축삭돌기를 둘러싼 수초로, 신경 충격이 빠르게 전달되도록 한다-옮긴이) 형성 과정도 드러났다. 이와 함께 두뇌 개발을 바라보는 시각이 완전히 달라졌다. 경험이 뇌의 신경 활동을 촉진하므로, 아이가 다양한 경험을 하도록 유도하면 지능을 훨

씬 더 높일 수 있다고 인식하게 된 것이다.[5]

따라서 지금의 학교는 부모 세대가 다니던 때의 교육법을 고수해서는 안 된다. 그리고 선생님뿐 아니라 부모도 아이의 '뇌 설계자'가 돼야 한다. 그렇다고 아이에게 선행 학습을 시키라거나 작문 또는 계산의 귀재가 되도록 아이를 몰아붙이라는 뜻은 아니다. 배움이 즐거울 수 있다는 사실을 깨닫도록 기회를 주라는 뜻이다.

닫힌 마음속에 억지로 지식을 밀어 넣는 것은 쓸데없는 일일뿐더러 도리어 아이가 배움으로부터 더 멀어지게 할 수 있다. 아이의 호기심을 자극하고 키울 때 부모로서 훨씬 큰 성취감을 느낄 수 있다. 생각의 속도를 높이기보다 생각의 크기를 키우는 것을 목표로 삼아야 한다.

내 아이도 지능은 타고나는 것이라고 믿고 있을까?

아이가 다음과 같은 행동을 한다면 자신이 훨씬 더 똑똑해질 수 있다는 사실을 모르고 있을 가능성이 크다.

- 새로운 일을 시도하려 하지 않는다.
- 실수를 하자마자 포기한다.
- 남을 무시해야만 자기 자신을 높일 수 있다고 생각한다.

❶ 실수할까 봐 초조해하고 두려워한다.

어쩌면 부모가 이런 행동을 할 수도 있다. 모두가 무슨 음모에라도 빠진 듯, 요즘 세상에는 자신이 얼마나 똑똑한지를 잊어버린 사람이 많다.

{속설 2}… 천재성과 창의성은 소수의 전유물이다

사람들은 천재성과 창의성은 남의 이야기라고 믿도록 교육받는다. 그 결과 창의적인 사람은 특별한 재능을 타고나는 이들이고, 자신에게는 그런 행운이 없다는 잘못된 결론을 내린다. 하지만 예로부터 천재성은 인간이라면 누구나 지니고 있는 지도적인 정신을 뜻했다. 천재성이 운이 좋은 소수에게만 있는 드문 자질로 인식되기 시작한 건 14세기부터였다. 천재를 바라보는 현대적 시각에는 두 가지 문제가 있다. 첫째, 천재성이 보통 사람은 평생 꿈꿀 수조차 없는 배타적인 개념으로 변질됐다는 것. 둘째, 이는 전혀 사실이 아니라는 것.

인류에 위대한 공헌을 한 사람들이 모두 다빈치Leonardo da Vinci처럼 다재다능하거나 학교 성적이 우수하지는 않았다. 자신의 분야에서 몇 차례 빛나는 업적을 남겼을 뿐이다. 천재라는 이름표가 붙은 일부는 업적에 걸맞은 인정을 생전에 받았다. 파블로 피카소Pablo Picasso, 스티븐 호킹

Stephen Hawking, 루돌프 누레예프Rudolph Nureyev, 빌 게이츠Bill Gates, 스티브 잡스Steve Jobs 등이 그 예다. 하지만 그 밖의 많은 위인은 살아생전 무시당했거나 대중의 기억에서 사라졌다. 빈센트 반 고흐가 대표적이고, 심장박동조율기를 처음 발명한 마크 리드윌Mark Lidwill, 와이파이를 발명한 존 오설리번John O'Sullivan, 초음파 기술을 개발한 호주의 국립 과학산업연구기관CSIRO의 과학자들이 후자에 속한다.

위대한 업적은 대부분 아주 단순한 데서 출발한다. 단순한 발상이나 개념이 오랜 시간 동안 개선되고 확장된다. 베토벤Ludwig van Beethoven의 교향곡은 건반으로 음표 몇 개를 치면서 시작됐고, 셰익스피어William Shakespeare의 〈햄릿〉도 덴마크의 문제를 어떻게 설정할지 구상하는 데에서 시작해 상당한 시간을 들였다.[6]

그러니 이렇게 생각하는 편이 정신 건강에 훨씬 이롭다. '훌륭한 업적의 시작이 대부분 아주 단순하다면, 나도 꽤 단순한 사람이니 훌륭한 일을 할 수 있겠군.'

{속설 3}… 실수는 나쁘다

베토벤의 〈환희의 송가〉를 처음부터 완벽하게 연주하는 사람은 없다. 누구나 더듬거리며 실수를 하고, 그 실수를 바로잡는 과정을 되풀이한다.

사실 실수를 하지 않으면 천재가 될 수 없다. 바로잡는 과정을 거치기 위해서라도 실수를 해야 한다. 무언가를 창조하고 발견하려면, 실수를 통해 실력을 갈고닦아 경지에 오르는 단계를 거쳐야 한다.

{속설 4}… 천재의 부모는 모두 천재다

꼭 똑똑한 부모만이 아이를 천재로 키울 수 있는 것은 아니다. 유명한 천재들은 대부분 상당히 평범한 가정의 특별할 것 없는 부모 밑에서 자랐다. 단, 천재들의 부모는 대체로 배우고 개선하고 성장하는 데 관심이 많았고 자녀들도 그렇게 자라도록 이끌었다.

- 벤저민 프랭클린Benjamin Franklin은 양초 제조업자의 아들로 태어났다.
- 에이브러햄 링컨Abraham Lincoln은 한 칸짜리 오두막집에서 학식이 짧은 부모에게서 태어났다.
- 월트 디즈니Walt Disney의 아버지는 무일푼일 때가 많았다.
- 오프라 윈프리Oprah Winfrey는 극빈 가정에서 태어났다.

이들을 천재로 생각하든 생각하지 않든, 꼭 고등 교육을 받은 부모에게서 태어나야 성공하는 게 아니라는 사실만은 분명하다. 그러니 내가 천재가 아닌 것 같다고 내 아이도 천재가 될 수 없다는 잘못된 생각은 하지 마라.

{속설 5}… 제일 먼저 하는 아이가 제일 잘할 것이다

말도 안 되는 소리다! 이 속설 탓에 요즘에는 유년기부터 경쟁이 시작된다. 제일 먼저 글을 읽고 제일 빨리 달리고 그림을 제일 잘 그리는 아이는 그 분야에서 성공할 가능성이 가장 큰 아이로 인식된다. 하지만 전혀 그렇지 않다. 어른이 돼서도 여전히 천재인 신동은 극히 드물다. 심지어 그 분야의 전문가가 되지도 않는다.[7]

오히려 조금 늦은 나이에 무언가를 성취하면 장기적으로 성공할 가능성이 크다는 사실이 입증됐다. 실제로 학창 시절을 돌이켜보면 동급생 중에서 생일이 느린 아이가 훨씬 앞서가지 않았던가.

{속설 6}… 학업 성적이 우수한 아이가 인생에서도 성공한다

학업 성적은 성공을 보장하지 않는다. 분명 도움이 되긴 하지만 그보다 중요한 것은 배우려는 열의다. 요즘에는 정규 교육을 마친 학생이 노동 시장에 뛰어들어 은퇴할 때까지 적어도 여섯 번 직업을 바꾼다. 성공은 학업 성적보다 배움에 대한 태도와 흥미에 달려 있다.

학업 성적과 성공의 연관성은 아무리 좋게 봐도 미약한 수준에 불과하다. "고등학교 때 정점을 찍지 말라"라는 말이 있을 정도로, 학교 때 잘나가던 아이들이 이후 내리막길을 걷는 모습은 흔히 볼 수 있다. 갑부들은 대부분 학창 시절 평범한 학생이었다. 노벨상 수상자 중에도 끔찍한 학창 시절을 보낸 사람이 많다.

학업 성적이 우수하다고 다 천재는 아니다

우리가 천재라고 생각하는 사람들 중 다수가 학교에서는 두각을 드러내지 못했다.

- 아이작 뉴턴 경Sir Issac Newton은 학교 성적이 나빴다.
- 알베르트 아인슈타인Albert Einstein은 대학 입학시험에 떨어졌다.
- 윈스턴 처칠Winston Churchill은 고등학교 때 일 년 낙제했다.
- 토머스 에디슨Thomas Edison은 계산력과 독해력이 약하다는 평가를 받았고, 정규 교육을 받기 시작한 지 3개월 만에 자퇴했다.

학교를 자퇴한 유명인은 이 외에도 많다.

- 텀블러의 창업자 데이비드 카프David Karp(15세)
- 맥도날드의 창업자인 레이 크록Ray Kroc(15세)
- 프랑스에서 손꼽히는 갑부 사업가인 프랑수아 피노Francois Pinault(11세)
- 영화감독인 쿠엔틴 타란티노Quentin Tarantino(15세)
- 미용사이자 사업가인 비달 사순Vidal Sassoon(14세)

- 작가인 찰스 디킨스Charles Dickens(12세)
- 디자이너이자 샤넬의 창업자인 코코 샤넬Coco Chanel(18세)
- 영화감독인 피터 잭슨Peter Jackson(16세)
- 미국 건국의 아버지로 불리는 벤저민 프랭클린Benjamin Franklin(10세)
- 물리학자인 알베르트 아인슈타인(15세)
- 엔터테인먼트 산업의 거물인 월트 디즈니(16세)
- 사업가인 리처드 브랜슨Richard Branson(16세)
- 지휘지인 찰스 매케러스 경Sir Charles Mackerras(15세)
- 고등법원 판사인 마이클 맥휴Michael Mchugh(15세)
- 작가인 케이시 레테Kathy Lette(15세)
- 전 호주 총리인 폴 키팅Paul Keating(14세)
- 호주의 운송 업계 재벌인 린제이 폭스Lindsay Fox(16세)
- 호주 피자 체인점 이글 보이스 피자의 회장 톰 포터Tom Potter(15세)

또 빌 게이츠, 스티브 잡스, 스콧 피츠제럴드Scott Fitzgerald, 마크 저커버그Mark Zuckerberg 등 많은 유명인이 고등교육을 마치지 않았다. 창의적인 사람들은 보통 학업 성적은 좋지 않지만 이후 자기 분야에서 두각을 드

러낸다. 실패의 경험이 잠재력을 개발하는 데 도움이 된 덕이다. 흔히 말하듯 진주는 껄끄러운 모래가 없으면 만들어지지 않는다.

{속설 7}… 책임 있는 양육을 하려면 아이의 문제를 대신 해결해줘야 한다

우리는 흔히 양육자는 문제를 해결하는 사람이어야 한다고 생각한다. 하지만 문제를 대신 해결하느라 바쁜 부모는 아이에게 자립하는 법을 가르칠 수 없다. 아이가 자신의 운명을 스스로 개척하는 자율적인 인간이 되도록 키우는 것은 당신의 노후와도 관련이 있다. 자녀가 부모 품에서 벗어나려 하지 않는다면 평생 그 뒷바라지를 하느라 허리가 휠 테니 말이다.

아동 발달 분야의 전문가들은 도전이 아이의 발달을 촉진한다고 주장한다. 아이들은 처음 접하는 문제나 기존의 세계관과 어긋나는 생각, 깊이 생각해보지 못한 새로운 관점에 부닥칠 때 지적으로 성장한다. 새로운 생각을 받아들이려고 애써본 두뇌는 그 전과는 완전히 다른 모습을 띤다. 따라서 부모는 문제를 대신 해결해주기보다 아이에게 흥미를 돋울 수 있는 질문을 던짐으로써 아이가 새로운 일에 안심하고 도전할 수 있도록 지지하고 격려해야 한다.

문제와 씨름할수록 아이의 뇌는 성장한다. 문제가 생기면 곁에서 아이를 지지하고 격려하고 응원하되, 문제를 대신 해결해주지는 마라. 지나치게 보호하거나 응석을 받아주거나 아이가 문제를 회피해도 내버려 두거나 대신 처리해주면, 장기적으로는 아이에게 해가 된다. 아이들은 교우관계의 문제를 비롯하여 이런저런 사소한 좌절을 겪기 마련이다. 그때마다 학교로 쫓아가면, 아이는 이를 자기 혼자서는 문제를 해결할 수 없다는 신호로 받아들인다.

아이를 사랑하고 지지하고 아이의 곁에 있어라. 그리고 항상 아이가 자신의 능력에 대한 믿음을 키울 수 있도록 기회를 찾아라. 아이의 연필이 부러지면 얼른 달려가 깎아주지 말고, 연필깎이가 어디 있는지를 알려줘 직접 깎게 해라.

아이가 걷는 법을 배울 때 비틀거리며 첫걸음을 떼던 순간을 떠올려보라. 아마도 당신은 걸림돌이 될 만한 것들을 치우느라 여기저기 뛰어다니지는 않았을 것이다. 아이가 힘겹게 발을 뗄 때마다 다치지 않도록 그저 곁을 지켰을 것이다. 아이의 잠재력을 끌어낼 때도 그때 썼던 양육의 지혜를 동원해야 한다. 아이가 걸어갈 길을 준비하지 말고, 그 길을 잘 걷도록 아이를 준비시켜라.

{속설 8}… 모두가 상을 타야 한다

최근 이런 이야기를 들었다. 어떤 아이가 여덟 살 생일을 맞았는데, 그 부모가 딸의 친구들에게 생일파티 초대장을 보내면서 딸아이의 남동생에게 줄 선물도 가져와 달라고 부탁했다는 것이다. 당연히 남동생은 생일이 아니었다. 부모는 누나가 선물을 받는데 자기는 아무것도 못 받는다면 아들의 마음이 어떨까를 생각했으리라. 하지만 생일선물을 받는 건 생일을 맞았기 때문 아닌가?

모두가 상을 받아야 한다는 생각은 아이의 잠재력을 개발하는 데 독이 된다. 게임을 할 때 누구나 한 번쯤은 꼭 이기게 하거나, 운동으로 승부를 겨룰 때 모두에게 참가상을 주는 일은 피해야 한다.

현실에서는 모두가 선물을 받는 것은 불가능하다. 내가 생일파티의 주인공일 때도 있지만 그렇지 않을 때도 있다. 달리기를 할 때마다 매번 일등을 할 수는 없다. 하지만 일등만을 바라는 아이는 한 번 일등을 하지 못하면 그 뒤로는 아예 달리기를 하지 않으려 할 것이다.

어떤 일을 할 때마다 칭찬이나 보상, 상장을 기대하는 아이들은 보상이 없어지면 그 일을 더는 하려 하지 않는다. 실제로 연구에 따르면 책을 읽을 때마다 스티커와 같은 보상을 받은 아이들은 독서 자체의 즐거움을 덜 느꼈다.[8]

열정만으로는 부족하다. 성공한 천재가 되려면 실패를 극복하고 계속 도전해야 한다. 노력과 끈기는 천재의 필수적인 자질이다.

{속설 9}… 현대 사회는 천재를 키우기에 적합한 환경이다

우리가 사는 세상은 놀이와 탐험, 호기심의 중요성을 과소평가한다. 슬프게도 아이들이 탐험하고 즐기고 생각하고 고민하고 창조할 시간, 그리고 가장 중요한 놀 시간이 점점 줄어들고 있다. 모든 것이 첨단인 요즘 시대야말로 천재를 키우기에 최적의 환경을 갖췄다고 생각하겠지만, 아이들은 똑똑한 사람이나 기발한 발상보다 연예인이나 대중문화를 더 자주 접한다.

아이의 잠재력을 끌어내려면 혼란스러운 현실과 조금 거리를 둬야 한다. 그럴 시간을 내려면 주변의 다른 많은 가정과 달라질 필요가 있다. 사람들이 많이 다니는 길에서 벗어나 자신만의 길을 개척해야 한다.

{속설 10}… '좋았던 옛 시절'로 돌아가 그 시절의 기본 원칙을 가르쳐야 한다

부모 세대가 어린 시절을 보냈던 세상과 아이가 지금 살고 있는 세상은 차원이 다르다. 1995년 무렵을 기점으로 세상은 암흑기에서 르네상스기로 변할 때만큼 극적으로 변화했다. 요즘 아이들은 전자 통신과 소셜 미디어, 인터넷이 없었던 세상을 상상조차 하지 못한다.

일부 어른은 자신이 어릴 때 통용됐던 생각과 다른, 새로운 생각을 경계한다. 물론 읽고 쓰고 계산하는 능력은 시대와 상관없이 언제나 중요하다. 그러나 요즘 세상에서 천재성을 키우려면 완전히 새로운 종류의 사고 능력을 갖춰야 한다.

아이들을 위한 연구 결과와 새로운 기회에 마음을 닫는 것은 의사가 환자에게 이렇게 말하는 것과 같다. "최근에 새로운 검사법이 개발됐지만 저는 그 방법을 알아볼 생각이 없습니다. 제가 지금까지 해온 게 최곱니다."[9]

전산화된 세상은 몇몇 해로운 문제와 다수의 긍정적인 결과를 함께 가져왔다. 달라진 세상은 아이들에게 방대한 양의 정보를 제공하는 한편, 인생을 적극적으로 개척하기보다 유흥에 길들고 수동적인 방관자가 되도록 이끌 위험도 있다. 부모는 아이가 새로운 세상의 부정적인 영향을 받지 않도록 보호하면서, 동시에 긍정적인 면을 활용하도록 도와야 한다.

아이의 잠재력을 끌어내는 핵심 방법

2~4세

- 아이가 원하는 대로 놀게 둬라. 이 시기에는 보통 지켜보고, 혼자 놀고, 같은 공간에서 또래 아이들과 따로 노는 단계를 차례로 거친다. 아이가 하자는 대로 해라.
- 놀이의 수준을 높이기보다 범위를 확장하고, 사물들과 관점들의 차이를 짚어줘라.
- 단순한 수준에서 모양과 색깔을 분류하게 해라.
- 놀고 또 놀아라. 의심스럽거든 더 놀아라. 사고의 질이 높아질 것이다.
- 닥터 수스Dr. Seuss의 책들이나 C. S. 루이스C.S. Lewis의 《사자와 마녀와 옷장The Lion, the Witch and the Wardrobe》 같은 훌륭한 동화책을 읽어줘라. 동작과 소리를 가미해 읽어야 하는 책과 조용히 앉아 읽어야 하는 책을 모두 읽어줘라. 조용히 앉아 이야기를 듣는 습관이 든 아이는 나중에 학교생활에 더 잘 적응한다.

- 조부모가 양육에 참여할 수 있다면 그들이 거의 모든 부분, 특히 읽기를 가르칠 탁월한 선생님라는 사실을 명심해라!
- 아이와 무언가를 함께 할 때 어른이 쓰는 말로 중계방송을 해라.
- 손가락, 발가락, 귀, 나무, 개 등의 숫자를 함께 세라.
- 아이가 알파벳을 식별하도록 도와라.
- 아이와 함께 천으로 알파벳의 각 글자로 시작하는 사물의 모양을 오려 붙여 스크랩북을 만들어라.
- 아이가 오감을 동원해 다양한 사물을 보고 듣고 만지고 냄새 맡고 맛보게 해라.

5~7세

- 이 시기에는 보통 또래와 협동 놀이를 할 수 있지만 간혹 혼자 놀 수도 있다.
- 아이의 주변에 오감을 자극하는 물건을 비치해 놀이를 지원해라. 솔방울, 약솜, 색종이, 물, 찰흙, 진흙, 물감, 유칼립투스 열매, 단추, 리본, 조약돌, 깃털 등 향기가 나고 촉각을 자극하는 물건이 좋다.
- 러디어드 키플링Rudyard Kipling의 《아빠가 읽어주는 신기한 이야기》와 같은 그림책을 읽어주거나 함께 읽어라.
- 기회가 있을 때마다 어떤 주제에 관해 알려주기보다 직접 경험하게 해라. 별에 관한 이야기를 듣는 것보다 밤하늘의 별을 관찰하는 것이 더 좋다.

- 시계를 보고, 숫자를 세고, 원을 시계 방향과 시계 반대 방향으로 그리는 법을 가르쳐라(글씨를 쓸 때 중요하다). 알파벳 노래와 구구단 노래를 함께 불러라.
- 천으로 된 철자 책과 알파벳 책은 이 연령대에서도 계속 만들어라.
- 아이들은 봉투에 자신의 이름과 주소를 적는 것을 무척 좋아한다. 아이를 도와 편지를 직접 부치게 해라.
- 기회가 될 때마다 무언가를 만들게 해라. 예를 들어, 시계를 보기만 하지 말고 종이 접시나 피자 상자와 빨대로 시계를 만들게 해라.
- 무엇이든 모으고 정리하고 분류하게 해라.
- 아이가 마음껏 어지를 수 있는 창작의 공간을 한구석에 만들고, '작업 중'이라거나 '천재가 일하는 중이니 방해하지 마시오' 같은 팻말을 걸어라.
- 칸막이가 돼 있는 서랍에 아이가 놀거나 그림을 그릴 때 쓸 수 있는 물건을 채워 넣게 해라.
- 아이가 무언가를 할 때 사진을 많이 찍어라.
- 선물이나 배지, 스티커로 보상하지 마라. 아이와 대화하고 함께 시간을 보내는 것으로 보상해라.
- 아이의 눈높이에 알림판을 걸어놓고 오늘의 명언이나 질문을 적어라.
- 뇌는 근육과 같아서 많이 쓸수록 강해지고 똑똑해진다는 사실을 수시로 얘기해줘라.

8~11세

- 이 시기의 아이들은 배움을 사랑하는 어른이 잘만 지도하면 상당히 정교한 사고를 할 수 있다. 이전 연령대에서는 아이가 하자는 대로 따라갔지만, 이제는 세상에 관한 부모의 지식을 활용해 아이의 관심사를 확장할 수 있다.
- 전보다 더 창의적이고 활동적이고 흥미진진한 놀이를 해라.
- 뇌는 근육과 같아서 많이 쓸수록 강해지고 똑똑해진다는 사실을 여전히, 수시로 알려줘라.
- 다음과 같은 질문을 계속 던져 창의적 사고를 개발해라. "○○○은 또 어떤 용도로 쓸 수 있을까?", "□□□와 ◇◇◇은 무엇이 비슷하고 무엇이 다를까?"
- 어떤 연령대의 아이든 배움의 기쁨을 알도록 이끌어라. 아이가 즐겁게 생각을 탐구하고, 프로젝트를 계획하고 완수하고, 실험을 수행하도록 도와라.
- 아이가 즐겁게 배울 수 있는 최고의 실험실인 '세상'이 늘 대기 중이라는 사실을 잊지 마라.
- 블록, 주사위, 타일을 이용한 놀이로 아이의 수리 감각을 키워라.
- 장을 볼 때 계산 연습을 시켜라.
- 구입할 품목의 목록을 작성하게 해라(계획하고 예산을 짜는 연습을 할 수 있다).
- 영화나 텔레비전을 볼 때 아이가 읽은 책의 내용과 연관 짓게 해라.

- 아이의 활동을 계속 사진으로 남기고, 아이에게 카메라를 줘 직접 사진을 찍거나 짧은 동영상을 만들게 해라.
- 지도, 개요, 도표를 그리거나 할 일을 적은 목록을 시각적으로 표현하게 해라. 함께 팻말을 만들어라.
- 인형극을 하고 시를 쓰고 도자기를 빚고 조각품을 만들게 해라.
- 노래나 시를 외우게 해라.
- 마술 공연, 서커스, 농산물 품평회, 영화를 보여줘라.
- 다음을 이용해 수리 감각을 키워라.
    - 블록 놀이
    - 카드로 탑 쌓기
    - 양 비교하기
    - 모양과 색깔 비교하기
    - 조각 그림 맞추기
    - 요리하기
    - 칼, 포크, 숟가락 놓기
    - 물건을 정리하고 배열하고 세고 재배열하기
    - 물건을 살 돈 저축하기
    - 장보기
    - 분류하기
    - 시계 보기

12~18세

- 뇌의 가소성이 정점에 달하는 시기라 모든 경험이 아이의 뇌 형성에 중요한 역할을 한다.
- 배움과 성공은 멋진 일이라는 사실을 꾸준히 알려줘라.
- 계속 다양한 경험을 하게 하고 세상을 바라보는 다양한 관점을 이해하게 해라.
- 식사 시간에 하는 대화를 통해 아이의 생각을 발전시키고, 아이가 설득력 있는 주장을 펼치도록 도와라.
- 서로 다른 생각의 연관성을 찾게 해라.
- 어떤 아이들은 자신이 무엇이든 알고 있다고 생각하니, 아이가 세상을 계속 확장해나가게 해라.
- 이 책에 제시된 방법을 참고하여 정보를 체계적으로 정리하고, 효율적으로 필기하는 습관을 들이게 해라.
- 다음과 같은 장소에 가서 아이의 세상을 확장해라.
    - 농산물 품평회
    - 미술관과 전시회
    - 교회, 이슬람교 사원, 유대교 회당, 사찰
    - 법원
    - 농장
    - 소방서
    - 사적지와 유적지

- 박물관
- 교향곡 연주회를 비롯한 음악회
- 국회의사당
- 방송국, 등대, 전망대, 수족관, 동물원
- 과학박물관
- 극장

❶ 노숙자 쉼터, 동물 보호소, 난민 보호소, 재난 복구 현장, 경로당 등에서 자원봉사 활동을 하며 동정심과 이해심을 키우게 해라. 다른 사람들을 도우면 더 나은 세상을 만들 수 있다는 생각을 심어줘라.

❶ 다음과 같은 활동에 아이를 참여시켜 적정 수준의 신체 활동을 유지하게 해라.

- 야영
- 연날리기
- 오리엔티어링(지도와 나침반만을 이용해 목적지를 찾아가는 스포츠-옮긴이)
- 스카우트나 가이드 활동
- 스케이트보드
- 스키
- 스노보드
- 스포츠 단체 활동
- 파도타기

- 급류 래프팅
- 청소년 단체 활동

- 휴가 때 청소년 수련 시설에서 지내게 해라.
- 뇌는 근육과 같아서 많이 쓸수록 강해지고 똑똑해진다는 사실을 계속 상기시켜라.

2장

천재의 뇌는 무엇이 다른가?

모든 아이는 천재로 태어나지만 우리는 이후 6년 동안
그들의 천재성을 모두 없애버린다.
– 버크민스터 풀러

인간의 평균 지능지수가 올라갔고 지적 능력과 창의력을 갖춘 사람들이 많아졌다면, 왜 이 세상은 천재로 넘쳐나지 않을까? 배움을 차단당하는 사람이 많기 때문이다. 이번 장에서는 천재의 뇌가 어떻게 작동하는지 살펴볼 것이다. 먼저 렉스와 앨버트를 만나보자.

렉스와 앨버트

기본적으로 인간에게는 2개의 뇌가 있다.[1] 작가이자 영국 소프트웨어 개발사 실크타이드Silktide의 창업자인 올리버 엠버튼Oliver Emberton은 일찍

이 이 둘을 렉스와 앨버트라고 불렀다. 렉스의 뇌세포 수는 앨버트보다 훨씬 많아서 전체 뇌세포의 약 80%를 차지한다.

첫 번째 뇌는 아주 오래전에 발달했고 뇌의 아랫부분을 구성한다. 전문 용어로는 망상체 활성화계와 기저핵이지만 이 책에서는 재미를 위해 '렉스'라고 부르겠다.[2] 공룡의 뇌와 거의 비슷한 첫 번째 뇌 렉스는 꽤 훌륭한 일을 한다. 바로 인간의 생명을 유지하는 일이다. 잘 때도 계속 숨을 쉬게 하고, 잠에서 깨도록 신호를 보내고, 체온이 올라가면 떨어뜨리고, 뇌의 주인이 너무 서두를 때는 몸의 반응 속도를 늦춘다. 여러 가지 중요한 일을 자동으로 처리해 뇌의 주인이 그 문제들을 생각할 필요가 없게도 하는데, 일테면 습관이 그렇다. 어쨌든 렉스가 없으면 인간은 생존할 수 없다.

렉스는 천재가 아니다. 무엇이든 아주 간단하고 쉽게 처리하고 싶어 한다. 나이가 굉장히 많고 쉽게 짜증을 내며 그다지 똑똑하지도 않다. 언어나 논리를 구사하지 않기 때문에 렉스에게는 논리적인 설득이 통하지 않는다. 게다가 놀라울 정도로 쉽게 주의가 산만해진다.

두 번째 뇌는 인류사 중 최근에 발달했으며, 똑똑하고 창의적이고 통찰력이 있고 연민을 느낄 줄 안다. 이 뇌는 생긴 지 얼마 되지 않았다. 아직도 몇 구역이 공사 중이라 특히 10대 때가 되면 불안정해지지만, 미완성된 뇌치고는 맡은 일을 꽤 잘한다. 전전두엽 피질이라는 이름이 있지만, 이 책에서는 '앨버트'라고 부르겠다. 천재성을 담당하는 뇌가 바로 이 앨버트다.

이 두 뇌의 이야길 듣고, 어쩌면 당신은 인간의 행동을 지배하는 뇌는 앨버트이리라고 믿고 싶을 것이다. 인간은 모두 자신의 운명을 통제하는 합리적이고 지적인 존재니까 말이다. 과연 그럴까? 아니다! 인간을 지배하는 뇌는 렉스다. 가끔 렉스가 앨버트의 말을 듣기도 하지만 그럴 때도 자기가 듣고 싶은 것만 듣는다. 가령 앨버트가 다이어트를 하기로 마음먹었다고 해보자. 그런데 렉스가 소파에 느긋하게 기대서 초콜릿을 먹으며 드라마를 보고 싶어 한다면, 당신은 어느새 TV 리모컨과 초콜릿 접시를 들고 소파로 다가가고 있을 것이다. 어떤 문제에 대해 앨버트가 '걱정할 필요 없어'라고 말해도 렉스가 위험을 감지한다면, 당신은 아마도 새벽 4시에 잠 못 들고 서성거릴 것이다.

렉스는 믿기 힘들 정도로 주의가 산만하다. 편안함은 렉스에게 아주 중요한 문제다. 앨버트에게 일을 맡기려면 먼저 렉스를 편안한 상태로 만들어야 한다. 음식이나 음료, 수면, 휴식, 오락 활동 등이 렉스를 잠시 진정시키는 데 도움이 된다.

문제는 대부분 사람이 렉스가 온순해지자마자 상황이 종료됐다고 착각하고 해결책을 찾기 위해 앨버트를 더는 활성화하지 않는다는 것이다. 잠시 쉬면 문제가 해결된 듯 느껴지지만, 편안한 상태가 지나가면 렉스는 다시 포악하게 으르렁댄다.

아이의 잠재력을 끌어내려면 많은 사람이 모르는 것, 즉 렉스를 길들이고 앨버트를 활성화하는 법을 가르쳐야 한다.

렉스의 기분이 나빠지면 벌어지는 일

렉스는 기분이 언짢거나 뭔가 위험을 감지하면 감정의 기복이 심해진다. 조금 전까지 환희에 넘쳐 행복해하던 사람이 갑자기 시비를 걸며 공격적으로 변했다면 바로 렉스가 활동에 나섰기 때문이다.

더욱이 렉스는 진짜 위험과 상상 속의 위험을 구별할 만큼 똑똑하지 않다. 시험에 떨어질까 봐 두렵거나, 배가 고픈데 점심시간까지 기다려야 하거나, 충분히 쉬지 못하거나, 가볍게 꾸중을 들을 때조차 위험 상황이라고 느낀다. 렉스는 아무것도 아닌 일로 쉽게 화를 낸다. 그리고 기분이 나빠지면 한동안 그 기분이 지속된다. 한번 흥분하면 좀처럼 그 흥분을 가라앉히지도 못한다.

그래서 누군가에게서 불쾌한 말을 들으면 온종일 기분이 나쁠 수 있다. 다른 사람을 멋대로 휘두르거나 괴롭히거나 희롱하고 싶어진다면, 이 역시 렉스가 활동을 시작했기 때문이다. 실수를 했다고 세상이 끝날 것처럼 느껴진다면 렉스가 상황을 확대 해석하고 있기 때문이다. 아이가 일등을 못 하거나 원하는 팀에 뽑히지 못하거나 시험에서 원하는 점수를 받지 못해 스트레스를 받는다면, 렉스가 아이의 뇌를 통제하고 있기 때문이다.

아이의 잠재력을 개발하려면 뇌가 때때로 농간을 부린다는 사실을 인식하고, 렉스의 기분을 달래거나 주의를 다른 곳으로 돌려 앨버트가 나설 수 있도록 아이에게 뇌 작동법을 가르쳐야 한다.

렉스와 앨버트의 변화

갓난아이의 뇌는 거의 대부분이 렉스다. 갓난아이는 생존이 가장 시급한 문제인 생후 몇 주 동안은 본능적인 반응만 할 뿐, 고차원적인 사고를 거의 하지 않는다.

그러다 어느 순간부터 뇌가 바빠지기 시작한다. 그것도 아주 인상 깊은 방식으로 바빠진다. 렉스가 음식을 입에 넣는 법이나 엄지손가락을 입으로 가져가 빠는 법을 알아내느라 바쁠 때, 아이의 앨버트는 세상이 어떻게 작동하는지 파악하려고 노력한다. 처음에는 모서리와 줄무늬, 얼굴에 큰 관심을 보인다.

처음 몇 달 동안 렉스가 몸의 각 부위를 조작하느라 바쁠 때, 앨버트는 일생에 걸쳐 계속할 일련의 과학 실험을 시작한다. 생후 8개월 무렵에는 엄마가 외투를 입으면 외출한다는 사실을 이미 파악해, 울음을 터트리고 엄마의 반응을 살핀다.

두 돌이 되면 언어를 습득하면서 앨버트의 능력이 높아진다. 이제 아이는 가상의 놀이를 하고 상상력을 동원하며 행동뿐 아니라 관념에 대해서도 생각하기 시작한다. 언어 능력 덕분에 대상에 의미를 부여할 수도 있게 된다.

이 시기의 앨버트는 학계에 막 뛰어든 젊은 과학자와도 같다. 세상이 작동하는 방식을 배우기 위해 자신이 제일 좋아하는 실험용 쥐인 부모와 조부모를 동원해 점점 더 복잡한 실험을 한다. 서너 살이 되면 '내가 소리를 지르면 저 사람들이 어떤 행동을 할지' 파악하는 실험이 주를 이룬다.

아동기에는 뇌세포 사이의 연결고리, 즉 시냅스의 수가 엄청나게 증가한다. 인간은 뇌세포 하나당 약 2,500개의 시냅스를 가지고 태어나는데, 세 돌이 되면 1만 5,000개로 늘어난다.

아이들은 누구나 똑똑하게 태어나지만, 이 시기의 천재성은 막 싹트기 시작한 것이기에 한계가 있다. 이 연령대의 앨버트는 아직 융통성이 없어 사물의 겉모습에 집중할 뿐, 정보를 정리하고 분류하는 일을 어렵게 느낀다. 주로 경험에 의존해 정보를 이해하기 때문에 행동의 결과를 고려하고, 서로 다른 관점을 가늠하고, 상대의 행동을 통해 그 사람의 의도를 파악하는 것과 같은 추상적인 사고는 깊이 하지 못한다. 반면에 경이로운 마술적 사고가 활발해져 구름과 바위 같은 무생물이 감정을 느낀다고 생각한다.

7세가 되면 앨버트는 더욱 유연해지고 다양한 관점을 받아들이기 시작한다. 무언가를 할 때 남과 비교를 당하면 불안감을 느끼기 시작하는 시기다.

8~9세 무렵 아이의 뇌는 필요 이상으로 생성된 시냅스를 정리하기 위해 '시냅스 가지치기'라는 과정을 거친다. 이 과정은 렉스보다 앨버트에게 더 큰 영향을 미쳐 아이가 생각하는 방식과 절차가 달라진다. 이 과정에서 뇌는 사용하지 않는 시냅스를 제거한다. 인간이 특정 환경에 맞춰 행동을 조정할 수 있는 건 부분적으로는 이 과정 덕분이다.

이 시기에는 뇌의 속도가 느려지기 시작한다. 7세 때는 성인의 뇌보다 2배 더 빠른 속도로 작동하지만, 8세 이후 18세까지 성인의 속도만큼 느려진다.

9세부터 뇌의 좌우명은 '쓰지 않는 건 버려라!'로 바뀐다. 9~18세의 아이가 하는 경험이 굉장히 중요한 것은 바로 이 때문이다. 이 시기에 부모가 아이와 함께 하는 일은 아이의 앨버트를 길들이고 개발하는 데 중대한 영향을 미친다.

부모와 선생님은 아이 뇌의 설계자다

뇌는 밑에서 위로, 오른쪽에서 왼쪽으로 발달한다. 그래서 아이들은 대부분 자신이 한 경험을 제대로 이해하고 나서야 그에 관한 생각이나 감정을 온전히 표현할 수 있다.

성장하는 동안 아이가 부모나 선생님과 맺는 상호 작용은 아이의 뇌 구조를 결정한다. 차분하고 다정하고 힘이 되는 부모 밑에서 자란 아이의 렉스는 사소한 일에 지나치게 흥분하지 않는다. 아이를 바른길로 인도하고 격려하며 아이가 새로운 생각과 경험을 접하도록 이끄는 부모는 아이의 앨버트를 활성화한다.

7~11세의 아이는 장 피아제Jean Piaget가 '구체적 조작기'라고 부른 단계를 거친다.[3] 이 시기의 아이는 고도로 정교한 사고를 하기에는 아직 이르지만, 전혀 못 하는 것은 아니다. 양육자가 서로 다른 관점이나 해석하는 방식, 사고하는 방식을 곁에서 짚어주면 상당히 복잡한 생각도 이해할

수 있다.

앨버트는 8~9세 무렵에 중대한 개조 공사를 거친다. 10대의 뇌가 시작되는 시기다. 청소년기 초기에는 1초에 무려 3만 개의 시냅스가 사라져 아동기에 생성됐던 시냅스의 거의 절반이 없어진다. 아동기에 배운 기술이 대부분 평생 가는 것은 남은 절반의 시냅스 덕이다.

이 시기에는 앨버트가 구조조정을 거쳐 더욱 똑똑하고 유능해진다. 이를 기회 삼아 아이가 사고의 패턴과 생산적인 학습 습관을 형성하도록 도와야 한다. 그러면 아이의 미래를 성공으로 이끌 사고 및 학습 방식이 자리 잡힌다.

계획하고 숙고하고 충동을 조절하고 현명한 판단을 내리도록 돕는 뇌 부위인 앨버트(전두엽)는 10대 아이의 뇌에서 제일 나중에 발달한다. 이제 막 청소년이 된 아이들은 대부분 전두엽에 '공사 중'이라는 팻말을 걸 필요가 있다. 체중을 꼭 줄이고 싶다면 쉬운 방법이 있다. 10대 자녀에게 식사 준비를 전적으로 맡겨라. 굶어 죽지는 않겠지만, 끼니마다 식사를 하게 될 가능성은 거의 없다. 아이는 어떤 날은 요리를 한다고 부산을 떨다가도 어떤 날은 아예 내팽개치거나 까먹을 것이다.

왜 이렇게 자꾸 전두엽을 강조할까? 인간이 인간답고 문명인답게 행동하도록 해주는 뇌 부위가 바로 전두엽이기 때문이다. 뇌과학자 수전 그린필드Susan Greenfield의 추정에 따르면 인간의 전두엽은 진화를 거치면서 맨 처음 탄생했을 때보다 29% 커졌다. 이에 비해 침팬지는 17%, 고양이는 3%밖에 크지 못했다.[4]

이는 배고픈 고양이가 성질을 부리는 이유이자 우리의 조상들을 생각하면 동정심이 생기는 이유이기도 하다. 우리 조상들은 충동적이고 변덕스러운 10대 청소년과 똑같은 온갖 생물종과 어울려 살면서 진화적으로 업그레이드된 최신 버전의 인간, 바로 '우리'를 낳을 방법을 찾아야 했다. 감사한 마음을 가져야 마땅하다.

이렇게 청소년기 초기에는 기본적으로 앨버트가 한동안 행방불명된다. 그리고 대대적인 재정비를 거친다. 10대의 뇌가 싸우고 가출하고 연애하는 렉스의 감정은 잘 드러내지만, 계획하고 충동을 제어하고 앞날을 내다보는 앨버트의 능력은 잘 발휘하지 못하는 이유다. 어떤 부모들은 훌쩍 성장한 아이의 겉모습 때문에 이 사실을 잊지만, 10대 아이들의 뇌는 아직 미완성품이다. 평생 모은 돈을 10대 자녀에게 맡기는 부모는 없을 것이다. 그런데도, 비싼 가구가 가득한 40만 달러짜리 집을 아이에게 맡기고 비웠다가 그 결과에 경악하는 부모는 많다!

렉스와 앨버트의 싸움

렉스와 앨버트는 가끔 서로 싸운다. 렉스는 편안하고 평온한 삶을 좋아한다. 변화를 싫어해 환경이 변하면 최대한 빨리 원래의 편안한 삶으로 돌아가고 싶어 한다. 반면 앨버트는 호기심이 굉장히 강하며 새롭고 흥미진진한 방식으로 생각하는 것을 좋아한다.

배움은 곧 새로운 생각과 정보를 이용해 미래의 사고방식을 바꾸는 것이다. 렉스는 무언가를 할 때 반사적이고 습관적인 방식을 좋아하고, 앨버트는 혁신적이고 새로운 방식을 좋아한다.

기본적으로 인간은 렉스의 말을 따른다. 도전 앞에서 맥을 못 추고, 낙담하거나 지치고 불안해지면 익숙하고 안전한 방식으로 되돌아간다. 렉스는 인간의 생존에 꼭 필요하지만 아이의 삶에서 너무 큰 부분을 차지하면 천재인 앨버트가 좀처럼 모습을 드러낼 수 없다. 아이가 렉스의 생각과 앨버트의 생각을 구분하도록 돕는 법은 9장에서 자세히 다룰 것이다. 아이의 렉스를 달래고 진정시키는 즉각적인 방법이 궁금하다면 13장과 14장을 참고해라.

렉스를 길들이는 법

해야 할 것	하지 말아야 할 것
가족 모두 건강식을 먹어라. 외식은 한 달에 한 번만 하고 채소와 과일을 늘리고 청량음료는 피해라.	가족 간의 갈등
아이에게 사랑한다고 말해라.	아이 앞에서 세상의 문제에 관해 부정적으로 말하는 것
새로운 생각에 관심을 보여라.	아이 앞에서 돈 문제를 의논하는 것
새로운 시도를 격려하고 실수를 용납해라.	체벌
아이가 일관된 수면 습관을 들이도록 지도 해라.	이혼 가정일 경우 상대 부모에 대해 부정적으로 말하는 것

아주 어린 아이라면(때로는 큰 아이도) 낮잠을 재워라.	학교나 선생님에 대해 부정적으로 말하는 것
신체 활동과 스포츠 활동을 적절히 해라.	조롱하거나 빈정대거나 수치심을 일으키는 지적을 하는 것
가족끼리 장소나 상황을 바꿔가며 산책해라.	'대충 해. 나도 그거 잘하지 못했어'라고 말하는 것
아이를 믿고 있으며, 어떤 문제든 극복할 수 있다는 신념을 심어줘라.	소리를 지르거나 협박하는 것

아이가 렉스를 충분히 제어할 수 있게 됐다면, 앨버트의 능력을 개발하는 다음 부분으로 넘어가면 된다. 이때는 아이의 잠재력을 꽃피우는 데 경험이 아주 중요한 역할을 한다는 사실을 기억해라.

아이와 함께 계획해서 할 수 있고, 앨버트를 활성화하는 데 도움이 될 기본적인 활동을 다음 표에 정리했다. 이미 해본 활동에는 동그라미 표시를 하고 곧 하고자 하는 활동에는 별표를 달아도 좋다.

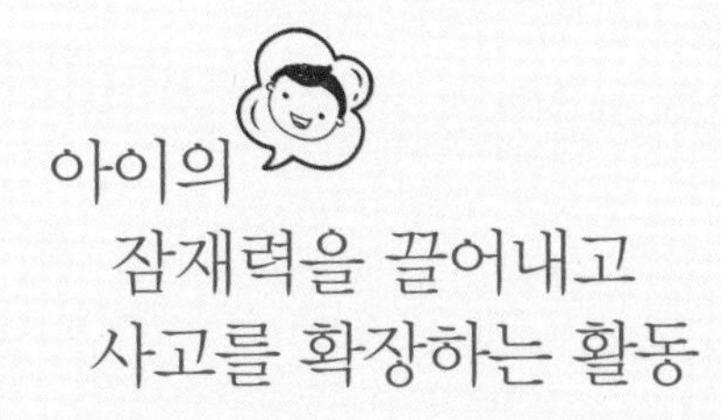

아이의 잠재력을 끌어내고 사고를 확장하는 활동

2~4세

- 비눗방울 불고 잡기
- 농장 방문
- 소형 증기기관차 타기
- 블록 쌓기
- 팽이 돌리기
- 춤추기
- 구름을 관찰하며 모양 찾기
- 종이 상자로 자동차 경주 하기
- 욕조나 종이 상자 안에서 놀기
- 변장하기
- 모래밭에서 놀고 진흙 파이 만들기
- 바닷가 바위 사이의 웅덩이 탐험하기

- 서커스 관람하기
- 애완동물 쓰다듬기
- 정원 일 돕기
- 노래 부르기
- 점핑 캐슬에서 점프하기
- 수영 배우기
- 달리고 뛰어오르고 깡충깡충 뛰기
- 손가락 그림 그리기
- 모래성이나 눈사람 만들기
- 북 치기
- 인형극용 인형 가지고 놀기
- 손가락과 발가락 세기
- 조부모와 놀기
- 세발자전거 타기
- 어린이용 조립용 경주차 타기
- 미끄럼틀 타기
- 모양과 색깔 분류하기
- 그림과 공예품을 보거나 만들기
- 재미있는 짧은 시나 운이 맞는 구절 외우기
- 동요 〈맥도날드 아저씨네 농장〉 부르기
- 이젤로 받친 화판에 그림 그리기

- 카주 피리 불기

5~7세

- 안 쓰는 종이 상자로 실내 미끄럼틀 만들기
- 풀 누들(속이 빈 원통형 물놀이용품-옮긴이)을 반으로 잘라 구슬 경주용 트랙 만들기
- 줄넘기, 자전거 타기, 연날리기, 공 튀기는 법 배우기
- 동물원에 가기
- 그림을 그리거나 뜨개질을 하거나 찰흙으로 그릇 만들기
- 카드 게임을 하거나 농담을 하거나 대화하기
- 자선 단체 활동에 참여하기
- 신문지로 모자 만들기
- 신발 끈 묶는 법과 손가락 튕기는 법 배우기
- 젖소나 염소의 젖 짜기
- 원반 던지고 잡기
- 동전 던지고 잡기
- 애완동물 돌보기
- 카드 섞기
- 모노폴리 게임 하기
- 울타리 위에서 균형 잡기
- 나무로 된 다리의 널빤지 틈새 들여다보기

- 만화 그리기
- 어린이용 경주차 조립하기
- 내 멋대로 예술 작품 만들기
- 푸 막대기 놀이(《곰돌이 푸》에 나오는 놀이로, 다리 위에서 막대기를 떨어트린 다음 막대기가 하류에 제일 먼저 도착하는 사람이 이기는 놀이-옮긴이) 하기
- 달팽이 경주 개최하기
- 파도 뛰어넘기
- 블랙베리 따기
- 커다란 나무 몸통에 난 구멍 속 탐험하기
- 별 관찰하기
- 동굴 속 탐험하기
- 곤충 채집하기
- 떨어지는 낙엽 잡기

8~11세

- 풍선으로 탁구하기
- 지우개와 구슬로 볼링 치기
- 올림픽 대회 개최하기
- 부메랑 던지기
- 재주넘기

- 거리에서 물건 팔기
- 저글링 배우기
- 맨발로 산책하기
- 큰 비탈을 굴러 내려가기
- 빗속에서 뛰어다니기
- 연날리기
- 진흙 파이 만들기
- 모닥불 피우기
- 실내에서 담요와 탁자로 텐트 만들기
- 실내에서 야영하기
- 휴대용 무전기 만들기
- 작은 경주용 자동차 만들고 타기
- 개울에 댐 만들기
- 모래성 쌓기
- 눈밭에서 놀기
- 데이지 화환 만들기
- 야생동물이 살 집 짓기
- 바닷가 바위 사이의 웅덩이 조사하기
- 스노클링하기
- 게 잡기
- 농작물을 심고 키우고 먹기

- 바다에서 헤엄치기
- 운석을 구해 간직하기
- 화석 만져보기
- 동물원, 미술관, 박물관, 천체투영관 관람하기
- 누군가에게 줄 선물 만들기
- 지도 그리기
- 디제리두(호주 원주민의 목관 악기-옮긴이) 불어보기
- 원격 조종 비행기나 배 가지고 놀기
- 마술 묘기 배우기
- 트램펄린에서 통통 튀기
- 탁구하기
- 무지개가 끝나는 곳 찾아가기
- 보물찾기
- 어둠 속에서 폭죽놀이 하기
- 파자마 파티 하기
- 야간 사냥 나서기
- 현미경이나 망원경, 만화경으로 세상 보기
- 화학 실험용품으로 실험하기
- 축음기로 레코드판 틀기
- 승마하기
- 종이비행기 만들기

- 블로홀(바닷물이 솟구쳐 오르는 바위에 뚫린 구멍-옮긴이)에 가보기
- 고물로 예술 작품 만들기
- 쓰레기장에 가보기
- 누에 키우기
- 개미집 돌보기
- 해적 놀이 하기
- 교회, 이슬람교 사원, 유대교 회당, 사찰 견학하기
- 사적지, 특히 역사적 사건을 재현한 사적지 견학하기
- 에어쇼 관람하기

12~18세

- 나만의 티셔츠 디자인하기
- 홀치기염색 배우기
- 종이접기
- 광석 라디오 만들기
- 머리 땋기
- 트위스터 게임(회전판을 돌려서 바늘이 가리키는 곳에 손이나 발을 올려놓는 보드게임-옮긴이) 하기
- 경매에 참여하기
- 네거티브 필름 현상하기
- 야생지대를 도보로 여행하기

- 실내 암벽등반 하기
- 배구하기
- 지도와 나침반으로 길 찾기
- 강에서 카누 타기
- 사회복지 단체에서 자원봉사하기
- 합창단 활동 하기
- 장시간 자전거 타기
- 비밀의 장소 만들기
- 나무 타기
- 모닥불로 요리하기
- 화석이나 뼈 찾기
- 연못 속 생태계 관찰하기
- 야생동물 추적하기
- 무서운 동물을 붙잡고 있기
- 들새 관찰하기
- 야생에서 야영하기
- 물고기 잡기
- 나무에서 열매 따서 먹기
- 물수제비 뜨기
- 나뭇가지로 길 표시하기
- 댄스파티에 가기

- 뗏목 만들기
- 야외 암벽등반에 도전하기
- 큰 언덕 오르기
- 땅속에 묻힌 역사적 보물 찾기
- 촛불 켜고 식사하기
- 코스 요리 준비하기
- 은행 계좌 관리하기
- 예산을 짜고 물건을 사고 저축하기
- 자동차 운전 배우기
- 실제로, 또는 가상으로 주식 투자를 해 주식 시장에 관해 배우기
- 시장에서 물건 팔기
- 온라인 쇼핑몰에서 물건 팔기
- 고고학 발굴 작업 돕기
- 어떤 지역의 동식물 종 조사하기
- 미술 전시회 관람하기
- 시 짓기
- 작곡하기

3장

강점 파악:

내 아이의 숨겨진 잠재력을 파악해보자

> 성공하는 사람은 실수를 많이 한다. 그렇지만 가장 큰 실수,
> 즉 아무것도 하지 않는 실수는 절대 하지 않는다.
> – 벤저민 프랭클린

강점을 키우는 것이 약점을 고치는 것보다 훨씬 효과적이다. 그러니 아이의 잠재력을 끌어내려면 아이가 이미 잘하는 것이 무엇인지 파악해야 한다.

지능지수는 다양한 영역의 능력을 측정하고 종합해 도출된다. 지능을 예측하는 일반 요인이 존재한다는 예전의 이론은 이미 새로운 이론으로 대체됐다. 데이비드 웩슬러David Wechsler와 하워드 가드너Howard Gardner를 비롯한 이 분야의 많은 학자는 지능의 종류가 다양하다고 주장한다. 여러 종류의 능력이 조금씩 골고루 발달한 사람도 있지만, 이른바 '특수 능력'을 지닌 사람도 있다. 다른 많은 분야의 능력은 평범한 수준이지만 한두 분야에서 특출난 재능을 발휘하는 사람이다.

모든 것을 잘할 필요는 없다

지능의 유형이 다양하다는 이론은 꼭 모든 분야에서 출중해야 천재가 되는 것은 아니라는 반가운 사실을 방증한다. 일반적으로 천재는 팔방미인이 아니다.[1] 모차르트Wolfgang Mozart는 아이스하키 실력이 그다지 뛰어나지 않았고, 마리 퀴리Marie Curie는 체력이 약해 크리켓을 잘 못했으며, 레오나르도 다빈치는 탁구 실력이 형편없었다.

아이의 잠재력을 개발하려면 아이의 강점을 파악하고 그 강점을 키워야 한다. 앞서 쓴 비유를 다시 들자면, 아이의 컵에 담긴 것을 파악해 그것을 소중히 여겨야 한다.

다윗과 골리앗의 교훈

약자도 강자를 이길 수 있지만, 그러려면 자신의 강점을 활용해야 한다. 이길 가능성이 거의 없어 보였던 사람이 우승 후보를 무너뜨린 사례는 역사적으로 수두룩하다. 물론 일반적으로는 우승 후보가 약자를 물리친다. 정치학자 이반 아레긴-토프트Ivan Arreguin-Toft에 따르면, 강한 팀이나 개인이 약한 상대를 이길 확률은 71.5%다.[2] 이쯤에서 다윗의 이야기가 떠오를 것이다. 다윗은 골리앗과의 전투를 준비하면서 투구와 갑옷을 착용하고 검을 챙겼다. 그러다 골리앗을 상대하려면 힘보다는 자신의 장기인 민첩성과 정확성을 활용하는 것이 낫다고 판단해, 새총과 돌 5개를 무기로 선택했다.

살다 보면 누구나 골리앗과 맞닥뜨리기 마련이다. 그런데 대다수의 현대인은 골리앗이 나타나면 어떻게 해야 할지 몰라 허둥댄다. 애초에 자신의 강점이 무엇인지 모르기 때문이다. 하지만 다윗처럼 자신의 강점을 알고 그 강점을 활용한다면, 승률은 28.5%에서 63.6%로 올라간다.

아이의 강점을 피자 그래프로 시각화하라

아이의 지능은 조각마다 맛이 다른 슈프림 피자와 같다. 어떤 조각은 크고 재료가 쏟아질 듯 풍성하지만 어떤 조각은 재료가 거의 없다. 사람마다 지능의 종류가 다르다는 생각은 잠시만 주위를 둘러봐도 금방 수긍이 간다. 우리 주변에는 돈 계산에 서투른 가수도 있고, 노래방엘 가기 꺼리는 은행가도 있다.

아이의 강점을 파악해 그 강점을 발전시키는 것은 아이의 잠재성을 끌어내는 데 필수적인 단계다. 지능의 종류는 다음과 같다.

- 숫자 지능: 수학, 계산, 숫자를 다루는 능력
- 언어 지능: 읽기, 쓰기, 철자 능력
- 논리 지능: 어떤 주제를 꼼꼼히 생각하고 명확한 결론을 내리는 능력
- 시각 지능: 미술, 디자인, 조형, 기계 조작 능력
- 기술 지능: 컴퓨터, 도구를 이용한 창작, 영상 제작 능력
- 신체 지능: 신체 단련, 건강, 체력, 치유력, 연기력
- 자연 지능: 농작물 재배, 동물 돌보기, 환경 보전에 관한 능력
- 음악 지능: 연주, 작곡, 노래하기, 음악 듣기에 관한 능력
- 대인관계 지능: 이해심, 긍정적 교우관계, 의견 차이 조율, 인맥 관리, 리더십, 타인과의 소통에 관한 능력
- 자기 이해 지능: 아마도 가장 중요한 지능. 자신의 호불호, 강점, 관심사 등 자기 자신을 이해하는 능력

아이의 강점을 파악하는 쉬운 방법은 피자 모양의 강점 그래프를 그리는 것이다. 예를 들어 다음 그림의 그래프처럼 서로 다른 지능 열 가지를 구분해 그려보자. 대략적이긴 하지만 아이의 강점을 한눈에 파악할 수 있다.

아이의 피자(잠재력 그림)를 대략 그려라. 아이가 초등학생이나 10대라면 직접 그릴 수도 있다.

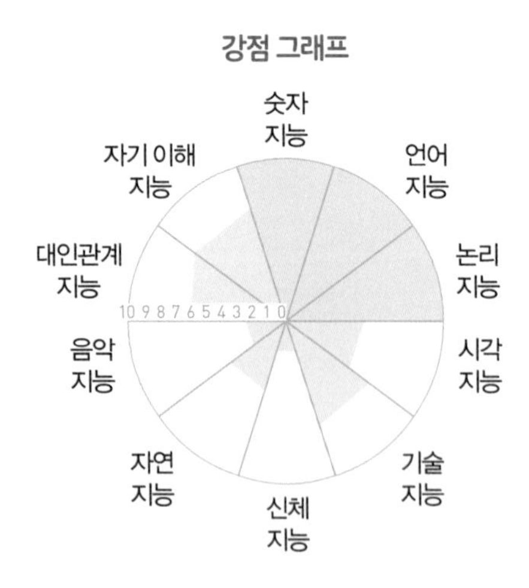

이 그래프의 주인은 자신이 숫자와 언어, 논리에는 강하지만(테두리까지 모두 칠해진 피자 조각) 그 외의 분야는 약하다고 생각한다.

대부분 자신의 강점을 이렇게 시각화해본 경험이 한 번도 없을 것이다. 아이의 강점 그래프가 어떤 모양인지 파악하면, 아이가 자신의 강점을 깨닫고 그 강점을 발전시키도록 훨씬 더 효과적으로 도울 수 있다. 아이가 좋아하는 분야를 표시하려면 해당 조각의 테두리에 선을 하나 더 그려 넣거나 별표를 해서 강조해도 좋다.

아이가 자신의 강점을 발견하고 그 과정에서 잠재력을 꽃피울 때 곁에서 가장 효과적인 도움을 줄 수 있는 사람은 주로 부모다. 잘하는 분야가 다양해지도록 열성을 다해 아이를 지원하는 부모는 아이가 한층 자신 있고 의욕적으로 새로운 도전을 하도록 권할 수 있다.

미래에 관해 확실하게 예측할 수 있는 한 가지는 미래가 변한다는 사실이다. 변화에 겁을 먹기보다 변화에 맞설 능력을 갖춘 아이가 21세기의 천재로 자랄 것이다. 4장부터는 아이의 잠재력을 끌어내기 위해 개발해야 할 기술을 구체적으로 알아볼 것이다. 그 전에 먼저 다음의 각 부문에서 아이의 수준이 현재 어느 정도인지 등급을 매겨 지침으로 삼아라.

	전혀 없음										완벽함
집중력	0	1	2	3	4	5	6	7	8	9	10
사고의 명확성	0	1	2	3	4	5	6	7	8	9	10
계획성	0	1	2	3	4	5	6	7	8	9	10
의사결정력	0	1	2	3	4	5	6	7	8	9	10

의욕	0	1	2	3	4	5	6	7	8	9	10
끈기	0	1	2	3	4	5	6	7	8	9	10
창의성	0	1	2	3	4	5	6	7	8	9	10
정리하는 능력	0	1	2	3	4	5	6	7	8	9	10
기억력	0	1	2	3	4	5	6	7	8	9	10
연습하는 능력	0	1	2	3	4	5	6	7	8	9	10
배움을 뒷받침하는 규칙적인 일과	0	1	2	3	4	5	6	7	8	9	10

필요할 때마다 이 등급을 참고하면 아이가 활용할 수 있는 강점을 파악할 수 있을 뿐 아니라 아이의 능력이 얼마나 향상됐는지 확인할 수 있다.

아이의 강점을 파악하는 법

2~4세

- 강점을 개발할 토대가 되는 삶의 경험을 쌓도록 아이에게 다양한 경험을 시켜라.
- 아이가 할 수 있는 경험의 범위를 넓혀라.
- 놀면서 더러워지더라도 마음껏 놀게 내버려 둬라.
- 인생의 단계마다 아이의 강점을 관찰하고 재고하고 다시 파악해라. 어떤 강점은 막 싹을 틔워 빛을 발하기 시작하고, 어떤 강점은 약해질 것이다. 아이가 자신만의 독특한 자아를 형성하는 자연스러운 과정이니 걱정하지 마라.
- 아이가 하자는 대로 즐겁게 따라라. 아이가 세상과 자기 자신을 탐구하고 발견하도록 내버려 둬라.
- 핵심은 경험의 속도를 높이는 것이 아니라 경험의 범위를 넓히는 것이다.

5~7세

- 아이의 강점이 점점 드러나기 시작하더라도 쉽게 단정하지는 마라.
- 아이의 강점 그래프를 그리되, 아이가 앞으로 잘할 분야를 보여주는 표가 아니라 아이가 강점을 개발하는 과정을 보여주는 대략적인 표로 활용해라.
- 이 시기 아이들은 케네스 그레이엄Kenneth Grahame의 아동문학 《버드나무에 부는 바람》의 두꺼비 '토드'와 비슷하다. 새로운 일에 열정적으로 관심을 갖기 시작하다 몇 주 만에 흥미가 떨어지는 일이 흔하다. 당황하지 마라. 시험 삼아 다양한 경험을 해보면서 좋은 경험과 나쁜 경험을 거르다 보면 '경험 계좌'의 예치금이 늘어날 것이다.
- 아이가 무엇이든 꾸준히 하길 바라겠지만, 이 시기에는 아이에게 끈기가 없어도 너무 걱정하지 마라.
- 성급하게 아이의 등급을 올리기보다는 관심사의 범위를 확장하는 데 중점을 둬라.

8~11세

- 부모가 처음으로 확신을 갖고 아이의 강점 그래프를 그릴 수 있는 시기다. 이 그래프를 바탕으로 아이에게 자신감과 자기 신뢰감을 높여줘라.
- 아이가 강점을 보이는 주요 영역 몇 개에 집중하되, 새로운 기술과 활동을 탐구할 시간을 줘라.
- 아이의 호기심과 열정은 교우관계나 유행에 따라 오락가락, 오르락내

리락할 수 있다. 그것도 물론 괜찮다. 그런데 일시적인 관심사가 아니라 지속적으로 흥미를 보이는 활동이 있거든 특히 주시해라. 열정을 느끼는 몇몇 분야를 파고들도록 격려하고, 아이가 그 분야에서 어느 정도의 전문성을 획득할 수 있도록 기회를 제공해라.

12~18세

- 아이의 강점이 뚜렷해지거나 새로운 강점이 드러나는 시기다.
- 강점 그래프를 매년 다시 그려라.
- 성격이 다른 학교로 옮기는 것도 강점의 영역을 확장하는 기회가 될 수 있다.
- 자신이 열정을 쏟는 분야를 친구들에게 비밀로 하고 싶어 하는 아이들도 있다. 아이의 사생활을 보호해라. 이 시기에는 창피함을 느끼면 열정이 쉽게 사그라질 수 있다.
- 10대 시절은 보통 소속의 욕구가 커지는 시기다. 아이의 강점을 파악해 다음과 같이 해라.
  - 아이의 자질과 아이가 가진 것을 높이 사는 사람과 단체를 찾게 해라.
  - 아이가 가진 것을 무시하는 사람과 단체를 멀리하게 해라.
- 자원봉사 활동을 장려해라.
- 직업 연수나 아르바이트는 관심사를 확장하는 데 좋은 경험이 된다.
- 자신의 강점을 쉽게 찾지 못하는 아이들은 강점 도표나 직업 적성 검사, 지능 검사와 같은 유용한 도구를 활용해 강점 그래프를 채우게 해라.

4장

집중력:

아이의 유형에 맞게 집중력을 강화하는 법

!

'집중pay하는데 왜 돈을 내야attention 하죠?'

– 자리에 앉아 집중pay attention하라는 선생님의 말에 여덟 살짜리 소년이 한 질문('pay'의 이중적인 뜻, 즉 '돈을 내다'와 '~을 하다'를 이용한 말장난–옮긴이)

집중력은 모든 천재적 행위의 토대가 되는 기술이다. 이제 아이의 강점을 개발하면 왜 집중력이 높아지는지 생각해보자.

비가 오는 날이면 아이들은 대개 〈심슨 가족The Simpsons〉과 〈패밀리 가이Family Guy〉의 재방송을 연속으로 보거나, 일인칭 슈팅 게임인 콜 오브 듀티를 10번 반복해서 하거나, 페이스북 친구 400명의 게시글을 지치지도 않고 보거나, 친한 친구와 문자 메시지를 60번 넘게 주고받거나, 그도 아니면 뭔가를 사달라고 온종일 조르기도 한다. 이때만큼은 놀라운 집중력을 보인다.

바로 이런 집중력을 갖추게 해야 한다. 하나의 대상에 관심의 초점을 맞추고 그 초점을 유지하는 능력 말이다. 세상이 갈수록 복잡해지면서 장

시간 정신을 집중해 특정 사안을 깊이 사고하는 능력은 천재의 두드러지는 특색이 됐다. 이는 인간의 뇌가 샛길로 잘 빠지도록 설계됐기 때문이기도 하다. 렉스는 여기저기 어슬렁거리며 재미있고 기분 전환이 될 만한 것을 찾는다. 인간은 가장 중요하고 가장 최근에 벌어진 일에 관심을 쏟는 성향이 있는데, 다중작업mulitasking이 여기에 딱 들어맞는다. 집중력은 한정된 자원이다. 하나의 대상에 집중하면 필연적으로 다른 대상에는 집중할 수 없다. 양이 얼마 되지 않기에 집중을 하다가도 이내 새로운 즐길 거리를 찾아 정신이 산만해지기 시작한다.

누구나 가끔은 집중이 되지 않는 문제로 애를 먹는다. 원시적인 뇌인 렉스가 과부하에 걸리거나 피곤하거나 배가 고프거나 잠이 부족하거나 불안해질 때는 더욱 그렇다. 집중 상태를 유지하려면 렉스를 진정시켜야 하는데, 그러려면 체계와 점검표, 절차, 공식, 습관을 개발해야 한다.

아이가 습득할 수 있는 지식의 양은 주의를 한곳에 쏟는 능력과 직접적인 관련이 있다. 알려진 바에 따르면 역사적으로 이름난 천재 중 다수는 집요할 정도로 집중력이 뛰어났다. 아인슈타인과 뉴턴, 에디슨, 다윈Charles Darwin 등은 집중력으로 유명한 위인들이다. 물론 집중력이 지나치게 높으면 문제가 생길 수도 있다. 에디슨은 백열등에 제일 적합한 필라멘트를 찾기 위해 1,600번의 실험을 한 것으로 알려져 있다. 그는 실험에 너무 몰입한 나머지 자신의 결혼식도 깜빡했다. 아인슈타인은 지질학자인 친구 한 명과 지진에 관한 토론에 정신을 쏟느라 실제로 큰 지진이 일어나 건물 안의 사람들이 모두 대피했는데도 눈치채지 못했다. 뉴턴의 일화도 유명하다. 시장기를 느껴 달걀을 삶으려 했던 그는 시간이 얼마나 지났나 확인하려는 순간 달걀 대신 시계를 삶았다는 사실을 깨달았다.

천재는 관심이 있는 분야를 다룰 때는 무서울 정도로 집중력을 발휘한다. 그래서 그 외의 일은 완전히 무시해버릴 때가 종종 있다. "당신은 한 귀로 듣고 한 귀로 흘려버리는군요"라는 말을 들어본 적 있는가? 실제로 그런 일이 일어난다! 인간의 의식으로 들어온 정보는 99%가 그 자리에서 삭제된다. 그렇지 않으면 뇌가 사소하고 세부적인 정보로 가득 찰 테니 오히려 다행이라고 해야 한다. 문제는 아이는 어른만큼 노련하게 중요한 정보를 걸러내지 못한다는 사실이다.

집중력은 나이트클럽의 문지기와 비슷하다. 뇌 속에 입장해도 될 만한 정보를 빠르게 탐색하여, 주의를 기울일 가치가 없다고 판단되는 정보는 걸러낸다. 너무 많은 정보를 입장시키는 문지기를 둔 아이도 있고, 잘못된 정보만 입장시키는 문지기를 둔 아이도 있다. 따라서 아이의 집중력을 천재적인 수준으로 높이려면 무엇에 집중하고 무엇을 걸러낼지 배우게 해야 한다.

어른이 되면 당면한 문제와 무관한 정보를 능숙하게 걸러낸다. 예를 들어 일부러 관심을 쏟기 전까지는 대부분 신발을 신고 있다는 사실을 의식하지 못한다. 그러나 아이들은 보통 지금 제일 집중해야 할 대상을 파악하는 일에 서툴다.

집중력 개발

다른 능력처럼 집중력도 강화하고 습관화할 수 있다. 자전거 타기나 악기 연주하기, 자동차 운전하기와 같은 복잡한 기술을 배운 적이 있다면, 처음에는 '내가 과연 이 모든 동작을 한꺼번에 집중해서 할 수 있을까?'라고 걱정하지만 막상 해보면 연습할수록 쉬워진다는 사실을 알게 됐을 것이다.

천재는 집중하되 집중의 대상이 매우 구체적이다. 내 경험상 아이들은 저절로 관심이 쏠리는 대상에 더 잘 집중한다. 집중력과 관련한 이 책의 개념에 상당 부분 영향을 미친 《아이의 뇌를 읽으면 아이의 미래가 보인다》의 저자, 멜 러바인Mel Levine 박사는 사고의 유형이 다르면 육아법도 달라야 하며 부모는 그 방법을 고민해야 한다고 주장한다.[1]

지금부터 아이들의 흥미로운 집중 방식을 유형별로 살펴볼 것이다. 일반적인 범주지만 내 아이의 집중력을 키울 방법을 찾는 데 도움이 될 것이다.

내 아이에게 꼭 맞는 유형이 없더라도(이렇게 말하는 부모도 많다), 아이가 새로운 것을 배우는 순간 주의를 집중하도록 도울 때 유용한 지침으로 삼을 수 있을 것이다.

행복한 방랑자형

이 유형의 아이들은 시각적인 대상에 잘 집중한다. 부모가 조금 전에 한 말은 기억하지 못할 수 있지만, 오늘 부모가 신은 신발이 평소와 다르다는 것은 금방 알아챈다.

행복한 방랑자형은 호기심과 에너지의 수준이 놀라울 정도로 높다. 마치 360도 돌아가는 감시 카메라처럼 뇌를 회전시켜 주변의 모든 정보를 흡수하려 한다. 두 눈을 이리저리 굴리고 여기저기 돌아다니며 온갖 사물을 탐색하고 살핀다. 이 유형은 자신의 관심사를 잘 안다. 바로 눈에 보이는 모든 것이다! 색깔, 모양, 움직임, 미술품을 비롯한 모든 시각 자료에 관심을 보인다. 행복한 방랑자형은 시각적으로 흥미롭지 않은 자료가 주어지면 이내 딴생각을 하고 다른 대상에 눈을 돌린다. 이 아이들은 기본적으로 흥미로워 보이지 않는 대상에는 전혀 관심을 두지 않는다.

행복한 방랑자형에 속하는 한 아이와 얼마 전 이야길 나눈 적이 있다. 그 아이는 조금 전에 나와 나눈 대화 내용은 기억하지 못해도, 창밖의 나무 위에 개구리가 앉아 있다거나 커튼의 왼쪽 모서리가 다른 데보다 빛이 바랬다는 사실은 쉽게 알아챘다.

이 유형의 아이들은 보통 인기가 있고 미적이고 재미있고 활동적이며, 타인의 욕구를 세심히 헤아리는 어른이 된다.

행복한 방랑자형은 타인의 감정을 아주 예리하게 읽어낸다. 따라서 장기적으로는 사회사업이나 의료, 교직뿐 아니라 상담, 미술품 수집, 사업, 서비스업, 호텔경영에 종사하면 성공할 가능성이 아주 크다.

행복한 방랑자형의 양육법

행복한 방랑자형의 잠재력을 끌어내려면 아이가 집중할 준비를 하도록 도와야 한다.

이 유형의 아이들에게는 집중할 시간임을 알려주는 시각 신호가 필요하다. 선생님들은 흔히 학생들을 진정시킬 때 두 손을 허리에 얹거나, '쉿!' 하는 의미로 입술에 손가락을 갖다 대거나, 두 손을 머리에 올리거나 한쪽 팔을 들어 올리는 등의 신호를 보낸다. 부모도 집에서 같은 신호를 보낼 수 있다. 이때 아이의 눈을 똑바로 바라봄으로써 주의를 산만하게 할 다른 시각적 요소에 눈을 돌리지 않게 해라.

이 유형의 아이는 시선을 마주치지 않으면 관심을 끌 수 없다. 아이가 어리면 무릎을 꿇고 아이와 눈을 똑바로 마주친 다음 정보를 제공해라.

행복한 방랑자형은 흔히 샛길로 빠졌다가 누군가의 지적을 받고 다시 집중할 때도 웃고 넘길 정도로 상당히 명랑하다. 다만 집중하는 상태를 오래 유지하지 못하는 게 흠이다. 이 유형의 아이는 시각 자료가 풍부한 환경에서 가장 잘 집중하고 콜라주, 그림, 벽보, 순서도 등을 만들 때 놀라운 집중력을 발휘한다.

행복한 방랑자형의 집중력을 높이는 활동은 다음과 같다.

- 조각 그림 맞추기: 운동 기능, 추상적 추론 능력, 공간 조직 능력을 높인다.
- 스무고개: 언어 능력과 집중력을 개발한다.

- 콜라주, 순서도, 벽보 만들기: 계획성과 정보 정리 능력을 높인다.
- 색종이에 정보 적기: 기억력 향상에 좋다.
- 중요한 순간을 촬영한 사진으로 모빌을 만들어 천장에 달기: 성공했던 경험을 상기시킨다.
- 반짝이펜, 물감, 크레용 사용하기: 필기가 재미있어진다.
- 카드 게임, 카드 짝 맞추기 게임: 기억력 향상에 좋다.
- 수학 공식을 실생활에 대입한 구체적인 사례와 도표로 수학 공부 하기
- 벽보와 연대표를 이용해 중요한 역사적 사건을 정리하고 사건마다 핵심 인물의 사진 붙이기
- 마인드맵과 버블맵 그리기
- '도시락 싸기!' 같은 메모를 문, 냉장고, 도시락통, 휴대전화 등에 붙이기
- 큐 카드와 손바닥 카드(카드 사용법은 11장 참고) 만들기
- 틀린 그림 찾기, 교육용 TED 동영상(ed.ted.com) 보기

공상가형

공상가형은 뛰어난 창의성과 독창성을 발휘해 무관해 보이는 생각과 개념을 연결지을 수 있다. 어디로 튈지 모르는 공상가형은 툭하면 생각이 딴

길로 빠져 저 먼 우주까지 날아가기 때문에 집중 상태를 유지하기 어렵다.

단편적인 발상을 창의적인 방식으로 연결하는 데 재능이 있어서 장기적으로 마케팅, 시나리오 집필, 광고, 디자인, 혁신적 기술, 발명, 공연 홍보와 관련된 분야에서 실력을 발휘한다.

이 유형의 아이들은 주로 혁신적인 사고를 하는 창의적이고 상상력이 풍부한 어른으로 자라지만, 그러려면 공상하는 시간과 집중하는 시간을 균형적으로 배분하는 법을 가르쳐야 한다. "5분 동안 공상한 다음 5분 동안 집중하자"라고 말해라.

공상가형은 생각이 아주 빠른 속도로 튀므로, 보통 시간제한이 있는 게임에 잘 집중한다. 예를 들어, 구입 품목을 적은 목록을 보고 제한시간 안에 한 번에 세 가지씩 손수레에 담는 장보기 놀이를 할 수 있다.

공상가형은 더러 일의 순서를 무시하기도 한다. 원대한 목표를 향해 서둘러 가느라 마땅히 밟아야 할 단계를 잊어버리는 것이다. 그러므로 이 유형의 아이들에게는 올바른 습관과 규칙적인 일과를 통해 시간과 순서를 정하는 법을 가르치는 것이 중요하다. 일의 순서를 정하는 능력은 집중력이나 기억력과 함께 공상가형의 잠재력을 개발하기 위해 익혀야 할 아주 중요한 기술이다.

공상가형의 양육법

공상가형은 청소하기, 요리하기, 등교 준비하기와 같은 기본적인 과제를 수행하며 집중력을 높이는 연습을 할 수 있다. 상 차리기도 공상가형의 집중력을 개발하는 데 유용하다. 아이에게 다음과 같은 질문을 던져라.

"식사할 사람은 모두 몇 명이니?"

"칼은 몇 개 필요하니?"

"오늘 메뉴에 수프가 있니?"

"접시와 개인용 식탁 매트 중 무얼 먼저 세팅해야 할까?"

요리를 하거나 상 차리는 순서를 아이가 직접 정하게 하는 것도 좋다. 조리법에 따라 요리하는 활동은 순서 감각을 높여주기 때문에 공상가형의 아이에게 아주 유익하다. 아이가 요리를 완전히 망쳤더라도 걱정하지 마라. 케이크를 만들 때는 생크림으로 장식하기 전에 빵을 먼저 구워야 한다는 사실만 깨달아도 아이는 이미 귀중한 교훈을 얻은 것이다. 연극과 영화, 토론도 순서를 배우는 데 도움이 된다. 공상가형에게는 특히 더 필요하니, 8장에서 다룰 시스템 구축에 관한 조언을 꼭 참고해라.

공상가형에게는 특정한 개념과 관련된 온갖 생각을 마음껏 떠올릴 수 있는 공상 놀이를 시켜라. 예를 들어, 세상에서 제일 별난 자동차(또는 집이나 동물)를 상상하면서 그 차에서 마음에 드는 특징을 모두 말하는 놀이를 할 수 있다.

공상가형의 잠재력을 끌어내는 데 도움이 되는 또 다른 활동은 다음과 같다.

- 배틀십(상대의 배를 찾아 격파하는 게임-옮긴이): 순서를 정하는 능력에 도움이 된다.

- 체스: 문제 해결 능력과 전략적 사고에 도움이 된다.
- 다이아몬드 게임(맞은편에 있는 집으로 말을 모두 움직이는 전략 게임-옮긴이): 계획하고 패턴을 파악하는 능력에 도움이 된다.
- 수집품 정리하고 배열하기: 순서를 정하는 능력에 도움이 된다.
- 도미노: 계획하고 순서를 정하는 능력에 도움이 된다.
- 테니스, 배드민턴, 탁구, 라크로스(끝에 그물이 달린 스틱으로 공을 잡아 골에 넣는 경기로 농구, 축구, 하키가 복합된 형태-옮긴이), 하키, 축구, 미용체조, 마장마술(말을 부리는 기술을 겨루는 승마 종목-옮긴이): 순서를 정하는 능력을 높인다.

스파이형

이 유형의 아이들은 첩보기관이 스카우트해야 할 인재다. 스파이형은 귀에 들리는 모든 말과 소리, 어감과 어조를 포착하는 능력이 뛰어나다. 아이가 이 유형에 속한다면 바로 알아볼 수 있다. 스파이형에게 들키지 않고 사적인 대화를 나누기란 거의 불가능하기 때문이다.

스파이형은 작은 소리 하나에도 산만해진다. 이 아이들의 머릿속에서는 온갖 소리가 필요 이상으로 증폭된다. 스파이형은 집중을 방해하는 소리에 민감하게 반응하므로 소리에 노출되는 시간을 줄이는 법을 배워야 한다. 그래서 이 유형의 아이들은 선생님과 가까운 자리에 앉히는 것이 좋다.

스파이형이 공부할 때는 보통 부드러운 배경 음악이 도움이 된다. 이 유형의 아이들은 잔잔한 음악이 나오는 헤드폰을 끼면 집중을 더 잘한다. 클래식이나 기악곡을 배경 음악으로 틀면 학습 효과가 특히 더 높아진다. 아이에게 어떤 음악이 제일 맞는지 실험해보라.

소리를 이용한 학습도 효과적이다. CD나 MP3 플레이어로 오디오북을 듣게 하면 좋다. 기억하고 싶은 내용을 소리로 녹음하거나 글자의 운을 맞춰 순서 감각을 기르는 활동도 도움이 된다.

이야기를 집중해서 들은 다음 주인공이 다음에 할 행동을 고르는, 《모험을 선택하라Choose Your Own Adventure》 시리즈(국내에는 《골라맨》 시리즈로 출간됐다-옮긴이)를 읽어줘도 좋다.

스파이형은 대개 듣는 능력이 아주 뛰어나다. 무엇을 경청해야 할지 모를 때가 있을 뿐이다. 그래서 장기적으로 언어 선생님, 통역사, 라디오 아나운서, 음악가, 음향 기술자, 녹음 기사, 배우, 콜센터 상담원, 항공 교통 관제사로 성공할 가능성이 크다.

스파이형은 경청하는 법, 그리고 토막 난 단어가 아니라 완전한 문장으로 말하는 법을 배워야 한다. 아이가 스파이형이라면 다음 두 가지를 가족의 규칙으로 삼는 것이 특히 유용하다.

1_누가 말할 때는 경청하는 것이 예의다.

2_가족 간에 대화할 때는 언제나 완전한 문장으로 말한다('끙' 소리, '헉!', '몰라요', '뭐이나', '아무거나요'와 같은 말에는 대답하지 않거나 아예

못 들은 척하기로 한다).

스파이형의 양육법

스파이형은 소리와 관련된 분야에서 잠재력을 발휘하기는 하지만, 경청을 잘하는 것은 아니다. 주위의 소리를 너무 잘 포착하는 탓에 도리어 어떤 소리에 집중해야 할지 잘 파악하지 못한다.

스파이형에게 경청하는 법을 가르치려면 시간과 끈기가 필요하다. 거의 성인군자에 맞먹는 인내심이라고 말할 수도 있다! 구체적인 지시를 내릴 수 있는 일상적인 활동을 이용해 경청하는 법을 가르쳐라. 예를 들면 취침 준비하기, 세수하기, 침실 청소하기 등이 적합하다. 언제까지 어떤 장소에 갈 필요가 없어 시간의 압박이 없는, 늦은 시간대의 활동을 선택해라.

충분한 시간을 확보하고 방해 요인을 제거해라. 휴대전화도 꺼라. 아이의 관심을 끈 다음 아이와 시선을 맞추고 유지해라. 해야 할 일을 차분하게 전달하되, 간단한 문장으로 말해라. 스파이형에게는 다섯 단계를 거쳐 과제를 완수하는 '배움의 사다리' 학습법(11장)이 유용하다.

과제를 명확하게 전달해라. 아이가 도중에 그만두지 않게 해라. 과제를 끝내지 않으면 어떤 결과가 따를지 차분하게 설명하고, 과제가 완수될 때까지 계속 상기시켜라. 이 과정을 습관으로 굳힐 계획을 짜라. 새로운 습관을 들이는 데는 시간이 걸린다는 사실을 명심해라.

스파이형의 잠재력을 개발하는 또 다른 활동은 다음과 같다.

- 일정 시간 동안 말없이 공부하기
- 아이의 에너지 수준을 낮추는 부드러운 음악 틀기
- 운이 같은 단어를 맞히는 게임을 하거나 시를 암송하기
- 스무고개
- 녹음된 동화나 오디오북 듣기
- 팟캐스트 만들기
- 상대의 행동을 따라 하는 게임
- 픽셔너리 게임(그림을 보고 단어를 맞히는 게임-옮긴이)
- 사이먼 가라사대 게임('사이먼 가라사대'라고 말한 다음의 지시사항만 따르는 언어 게임-옮긴이)
- 스포츠 중계 영상의 주요 부분을 50개 이하의 단어로 요약하기
- 아이가 기억해야 할 내용에 신문 기사처럼 제목 달기

꼼지락형

꼼지락형은 계속 무언가를 만지고 더듬고 조작하고 비틀고 쑤시고 끄적이느라 손가락이 늘 바쁘다. 이 유형에 속하는 아이들은 손가락을 잠시도 가만두지 못한다. 꼼지락형의 잠재력은 예민한 촉각이다.

일부 꼼지락형은 손으로 무언가를 하지 않으면 상대가 하는 말에 좀처럼 집중하지 못한다. 이런 아이는 어른이 돼서도 강의 시간에 뜨개질 또는

코바늘뜨기를 하거나 낙서를 한다.

꼼지락형은 촉각이 자극될 때 쉽게 집중력이 흐트러진다. 이 유형의 아이들은 머리카락을 꼬느라 수업 시간에 한마디도 하지 않는다. 주어진 과제를 하면서도 계속 꼼지락댄다.

꼼지락형은 무엇이든 잘 수집한다. 병뚜껑, 우표, 인형, 자그마한 전쟁놀이용 모형, 축구 카드, 레고 조각, 봉제 인형, 골프공, 구슬은 물론 심지어 벌레도 모은다. 꼼지락형의 주머니 속에는 어디서 주웠는지 모를 온갖 괴상한 물건이 잔뜩 들어 있다. 이 유형의 아이들은 수집품을 정리하면서 순서를 정하는 법을 배우고 집중력을 키운다. 이 아이들의 침실은 흔히 각종 물건의 집합소로, 갈수록 가짓수와 개수가 점점 늘어난다. 잠재력이 모두 손에 집중돼 있다고 해도 과언이 아니다.

꼼지락형은 어른이 되면 보통 숙련된 화가, 건축업자, 외과의, 정비사, 전기 기술자, 음악가, 배관공, 목수, 농부, 컴퓨터 기술자, 패션 디자이너, 물리치료사, 안마사, 로봇공학 기술자가 된다.

이 아이들은 무엇이든 손으로 해본다. 이들이 볼 때 다른 사람들은 모두 서툴고 멍청해 보일 정도로 소근육 운동 기능이 발달해 있다. 또한 매우 세심해서 타인의 감정을 잘 읽어내며 눈과 손의 협응 능력이 아주 뛰어나다.

꼼지락형의 양육법

꼼지락형의 잠재력을 끌어내려면 주로 손을 쓰는 활동을 시켜야 한다. 반려동물을 돌보게 하거나 체스, 악기 등을 배우게 하면 좋다.

꼼지락형은 물건을 모으려는 욕망이 끝도 없다. 그 욕망이 야망으로 발전하는 일도 흔하다! 이 유형의 아이들은 수집품을 모을 때 보람을 느낀다. 아이가 비싼 물건을 끝없이 요구할 때는 돈이 덜 드는 돌이나 나뭇가지, 우표, 작은 모형, 눌러서 말린 꽃을 모으는 데 집중하게 해라.

꼼지락형의 집중력을 높이는 데 도움이 되는 활동으로는 레고 블록이나 메카노 세트(강철로 된 조립 완구-옮긴이) 가지고 놀기, 모형 만들기, 뜨개질이나 바느질 배우기, 조각 그림이나 루빅큐브 맞추기, 미로 찾기, 작은 모형 만들고 색칠하기 등이 있다.

이 유형의 아이들은 늘 몸을 꿈틀거리고 무언가를 떼거나 튕기거나 비틀거나 낙서를 하므로 될수록 가만히 있는 법을 가르치면 좋을 것이다. 하지만 일부 꼼지락형은 무언가를 만지작거릴 때 집중력이 가장 높아진다는 사실을 명심해라.

가만히 앉아 있기는 학교생활을 하는 데 꼭 필요한 중요한 기술이다. 빨간불 초록불 놀이('무궁화 꽃이 피었습니다'와 비슷한 놀이-옮긴이), 트위스터 게임, 일어서면 의자를 뺏기는 의자 뺏기 게임과 같은 놀이는 집중력과 가만히 있는 기술을 개발하는 데 도움이 된다. 동상처럼 움직이지 않은 채 몇 초 동안 유지할 수 있는지 시간을 재는 놀이도 재미있다.

동작과 이야기를 결합하는 활동도 꼼지락형 아이와 함께 할 수 있는 훌륭한 놀이다. 예를 들어, 부모가 이야기를 들려주고 그 이야기에서 마시는 것(또는 먹는 것, 타는 것 등)을 가리키는 단어가 나올 때마다 아이가 두 손을 흔드는 게임을 할 수 있다.

행복한 방랑자형과 마찬가지로, 꼼지락형에게도 집중할 시간임을 알리기 위해 두 손을 머리에 올리거나 입술에 손가락을 대는 등의 동작 신호가 도움이 된다.

촉각을 자극하는 대상에 지나치게 몰두하는 꼼지락형은 가만히 있는 법을 가르치기 전에 에너지를 충분히 발산하게 해야 한다. 격렬한 활동을 하는 시간과 휴식 시간을 번갈아 배치하면, 아이는 에너지의 고저에 적절히 대처하고 마음을 가라앉히는 법을 더 잘 배울 수 있다.

꼼지락형 중에는 대근육은 잘 사용하지만 소근육을 잘 쓰지 못해 도움이 필요한 아이도 있다. 그런 아이는 근육을 정확하게 사용하는 활동을 조금씩 늘리는 것이 좋다. 예를 들어, 춤을 추거나 깡충깡충 뛰는 활동뿐 아니라 스케치를 한 후 색을 칠하거나 찰흙을 빚어 공예품을 만드는 활동을 시작하게 해라.

꼼지락형의 잠재력을 끌어내는 데 도움이 되는 활동은 다음과 같다.

- 미식 핸드볼(특히 4명이 하는 복식 경기): 눈과 손의 협응력과 협력하는 능력을 높인다.
- 연 만들고 날리기: 실험 정신을 북돋운다.
- 레고 블록 놀이: 대근육 및 소근육의 협응력을 높인다.
- 미로 찾기: 문제 해결 능력을 높인다.
- 체조와 춤: 에너지를 건전하게 발산하게 하고 집중력을 키우며,

대근육 및 소근육의 협응력을 높인다.

- 포니 클럽(청소년 승마 단체) 활동: 조직력, 체력, 협응력, 계획성, 순서를 정하는 능력을 높인다.
- 모형 만들기: 소근육 운동 능력을 높인다.
- 블록, 주사위, 타일을 이용한 게임: 수리 감각을 기르는 데 도움이 된다.
- 뜨개질과 바느질: 순서를 정하는 능력에 도움이 된다.
- 목공예: 계획하고 순서를 정하는 능력에 도움이 된다.
- 만들기: 시간을 관리하고 순서를 정하는 능력을 높인다.
- 소근육이 발달한 꼼지락형은 바이올린이나 기타, 피아노, 첼로, 트럼펫 배우기
- 대근육이 발달한 꼼지락형은 드럼이나 트롬본 배우기

괴짜형

괴짜형의 잠재력은 어디로 튈지 모르는 창의적인 사고력이다. 이 유형에 속한 아이들은 아무도 가본 적 없는 곳을 찾아가길 좋아한다! 새롭고 흥미로운 방식으로 누구도 상상하지 못한 분야를 개척하는 독창적이고 재미있는 사람들이다.

괴짜형은 몇몇 분야에서는 특출난 능력을 보이면서 그 외의 분야에서

는 거의 무능하다. 건망증이 심한 교수가 괴짜형에 속한다. 보통 어느 순간 천재성을 번뜩이다 이내 멍청한 행동을 한다.

괴짜형은 획기적인 운송수단을 발명할 수는 있지만 아침에 옷을 제대로 갖춰 입는 능력은 떨어지는 사람이다. 이 유형의 아이들은 누군가가 새로운 발상이나 개념을 소개하면 그때까지 접한 어떤 생각과도 무관한, 저 먼 우주에서 신비롭게 뚝 떨어진 생각을 접하기라도 한 듯 멍하니 그 사람을 바라본다. 이 아이들은 삶의 모든 사건을 과거의 어떤 일과도 관련이 없는 독특한 사건으로 바라본다.

괴짜형은 과거의 배움과 경험을 이용하는 능력이 떨어져 보는 사람을 답답하게 만들지만, 신속하고 흥미로운 사고방식으로 주어진 상황에서 새로운 가능성을 포착한다. 이 역시 과거의 사고에 크게 얽매이지 않기 때문이기도 하다. 공상가형처럼 예상치 못한 방식으로 창의성을 발휘해 서로 다른 생각들을 연결하지만, 역설적이게도 뻔히 보이는 당연한 연관성은 못 보고 지나친다.

괴짜형의 양육법

괴짜형의 잠재력을 끌어내려면 패턴과 연관성을 포착하는 능력을 키우도록 도와야 한다. 서로 다른 두 대상의 연관성을 확실히 짚어주면 아이에게 도움이 된다. 예를 들어, "고양이와 호랑이는 무엇이 비슷하니?"나 "로봇과 자동차의 공통점은 무엇일까?"와 같은 질문을 던지고 유사점을 함께 찾아라.

괴짜형을 키우는 부모는 너무나 당연한 사실까지 아이에게 설명해주어야 하는 일이 많다. 아이 스스로는 절대 깨닫지 못하기 때문이다.

삶의 주요 사건을 연결해보는 것도 괴짜형의 집중력을 키우는 데 도움이 된다. 달력, 수첩, 벽보, 냉장고 자석, 가족 알림판, 스티커 등은 아이가 삶의 주요 사건을 연결짓고 의식하도록 돕는 유용한 도구다.

특히 생애 달력은 기억을 더듬는 훌륭한 수단이다. 월별로, 또는 휴가나 특별한 날의 즐거웠던 순간을 찍은 사진을 모아 콜라주를 만들어 냉장고에 붙여두면, 괴짜형 아이가 삶의 소중한 순간을 기억하게 도울 수 있다. 생애 달력은 모든 유형의 아이에게 유용하다.

아이가 어릴 때는 규칙적인 생활 습관이 아이의 생각을 정리하는 데 도움이 된다. 매일 그날의 중요한 일을 가족 알림판에 게시하는 것도 하나의 방법이다. 요일을 각각 다르게 묘사해도 좋다. 가령 근사한 월요일(Marvellous Monday), 훌륭한 화요일(Terrific Tuesday), 신나는 수요일(Wonderful Wednesday), 대단한 목요일(Tremendous Thursday), 환상적인 금요일(Fantastic Friday), 놀라운 토요일(Sensational Saturday), 최상의 일요일(Superb Sunday)이라고 표현할 수 있다.

활기찬 1월 Jousting January	굉장한 2월 Fabulous February	경이로운 3월 Miraculous March	끝내주는 4월 Awesome April
유쾌한 5월 Mirthful May	즐거운 6월 Joyful June	떠들썩한 7월 Jingling July	예술적인 8월 Artful August
최상의 9월 Super September	독창적인 10월 Original October	산뜻한 11월 Neat November	역동적인 12월 Dynamic December

아이가 중요한 일을 앞두고 있을 때는 'X밤 자면 그날'이라고 적힌 스티커나 메모 같은 시각 자료를 이용해 집중하도록 도울 수 있다(다음에 이어지는 사교가형의 숙제 전략을 참고하라).

아이가 너무 어리지 않다면 순서도, 연대표, 마인드맵, 도표를 이용하거나 단순히 각각의 사건이 서로 어떻게 연결되는지 대화를 나누기만 해도 도움을 줄 수 있다. 'a를 한 뒤를 제외하고는, b를 하기 전에는 무조건 c를 한다'와 같은 중요한 규칙을 요약한 지침서도 패턴을 파악하는 데 유용하다. 아이가 고등학생이라면 소설을 읽고 소설 속 사건들 간의 연관성을 함께 찾으면 좋다. 부모가 연관성을 얼마나 포착할 줄 아느냐에 따라 아이의 성적이 크게 달라질 수 있다.

이미 그렇게 하고 있다면 그에 더해, 계획하는 능력과 의사결정 능력을 다룬 6장과 7장을 자세히 읽어라.

사교가형

사교가형은 사람과 감정, 나눔과 관련된 분야에서 잠재력을 발휘한다. 선생님들은 이 유형을 금방 알아본다. 사교가형에 속하는 아이들은 사람을 좋아한다. 수업 시간에 친구들과 수다를 떨고 쪽지를 건네고 문자 메시지를 보낸다. 행사를 기획하고 셀카를 찍고 소셜 미디어를 사랑한다. 그야말로 사교 중독자다!

이 유형의 아이들은 사교적인 생활에 너무 익숙해 때로는 생각을 말로 표현하지 않으면 아무 의미가 없다고까지 느낀다. 어떤 문제나 생각을 말로 자세히 설명하는 것은 쉽게 여기는 반면, 깊이 생각하는 것은 어려워한다.

사교가형은 활발하고 사람들과 어울리기를 좋아해 흔히 소매업, 마케팅, 행사 운영, 홍보, 사업 분야에서 두각을 드러낸다. 이 유형은 사람들에게 인기가 많고 사교적이며, 외향적이면서 세심하다.

사교가형은 대부분 수다스럽다. 생각을 말로 표현하지 않으면 아무 쓸모가 없다고 생각한다. 그래서 페이스북과 같은 소셜 미디어에서 믿기 힘들 정도로 눈을 떼지 못한다. 오늘 아침에 무엇을 먹었는가를 온 세상이 알게 하는 아이들이 이 유형이다.

또한 타인을 기꺼이 돕는 성격이어서 어려움에 처한 사람을 그냥 지나치지 못하며, 그 때문에 페이스북의 세상은 사교가형 아이들에게 특히 더 매혹적이고 위험하다. 소셜 미디어에서 사귄 친구들에게 문제가 생기면 사교가형은 그들의 고통을 함께 나눈다. 이들에게 소셜 미디어의 사용을 자제하라고 에둘러 말하는 것은 그야말로 완전한 시간 낭비다. 때로는 "휴대전화 끄고 할 일 먼저 해!"라고 엄하게 말해야 한다.

사교가형은 다른 사람들에게 쉽게 휘둘리고 갈등을 두려워하며, 학교에서는 친구들 때문에 쉽게 주의가 산만해질 수 있다.

이 유형에 속하는 아이들 중 일부는 말솜씨가 좋고, 자신의 목소리를 사랑한다. '누군가 말하는 도중에 끼어들 때는 먼저 양해를 구하라'라는 당연한 가족 간의 규칙을 더 엄격하게 시행해야 할 정도다. 조금이라도 더 빨리 소통하고 싶은 마음에 다른 방에 있는 식구에게 큰 소리로 말을 걸기도 한다. 집 안에서 벽을 사이에 두고 소리치며 대화하는 일을 피하고 싶다면, 그럴 때 아이의 말이 들리지 않는 척해라.

사교가형의 양육법

사교가형은 혼자서 세계 일주를 떠날 가능성이 제일 작은 유형이다. 이 유형은 타인의 존재를 즐긴다. 사교가형의 잠재력을 끌어내려면 독립적인 사고가 가능하다는 사실을 깨닫도록 홀로 성찰하는 시간을 줘야 한다. 물론 다른 사람들과 삶을 즐길 시간도 충분히 줘야 한다.

사교가형의 집중력을 개발하려면 마술 묘기, 곡예 기술, 악기, 인형극 기술, 경쟁이 심하지 않은 단체 스포츠를 배우게 하는 것이 좋다. 또 연기를 배우고 연극에 참여하거나, 합창단원이 되어 노래를 부르거나, 가족 행사를 준비하게 하면 좋다.

다른 유형도 그렇지만 사교가형이 흔히 직면하는 문제는 숙제다. 사교가형과 괴짜형은 집에 돌아와 알림장을 멍하니 바라보고 있을 가능성이 크다. 분명히 숙제가 있다는 건 아는데 도무지 적혀 있지 않아서다. 두 유형 모두 주어진 숙제는 무엇이든 적는 습관이 잡히도록 부모가 도와야 한다. 과목마다 어떤 숙제가 필수인지 확인하는 습관을 들여야 할 수도 있다.

아이를 도우려면 먼저 선생님에게 어떤 숙제가 필수인지 물어라. 그런 다음 아이에게 꼭 해야 하는 숙제를 적으라고 하고, 제대로 적었는지 확인

해라. 아이가 숙제가 무엇인지 제대로 파악하는 능력을 갖출 때까지 계속 반복해라.

다음 시간에 배울 주제에 관해 아는 것을 모두 말하게 하는 방법도 있다(물론 알고 있는 게 많지 않을 수도 있지만). 사교가형은 쓰기보다 말하기를 쉽게 느끼므로, 아는 내용을 쓰게 하지 말고 말하게 하면 더 생산적인 대화를 나눌 수 있을 것이다.

아이가 아는 내용을 말하는 동안 부모는 그 내용의 요점을 적거나 도표로 그려라. 그런 다음 아이에게 궁금한 부분과 불확실한 부분이 어디인지 말하게 해라. 그 내용도 적어라. 아이가 제기한 질문을 활용하면 과제의 형식과 내용을 체계적으로 이해시킬 수 있다. 아이가 답할 수 있는 질문, 부모의 설명이 필요한 질문, 조사가 필요한 질문과 그 과정에서 필요한 기술을 파악해라.

기회가 있을 때마다 추상적인 개념을 사람, 집단, 생물과 연관 지어라. 수학을 공부할 때는 공식을 기호보다는 단어로 된 문장으로 바꾸고, 아이에게 그 과정을 설명하게 해라.

일부 사교가형 아이들은 혼자 있는 시간을 즐기는 법을 배워야 한다. 언제나 다른 사람들과 어울려야 즐거움을 느끼는 아이는 홀로 성찰하거나 계획할 시간을 내지 못한다.

아이가 혼자 있는 것과 외로움의 차이를 깨닫게 도와라. 혼자 있는 시간을 '멈추는 시간'이나 '따라잡는 시간', '생각하는 시간'이라고 불러라. 그렇게 하면 보통 자신만의 예술 작품을 만들면서 혼자만의 시간을 즐기기 시작한다. 반려동물을 돌보게 해도 좋다. 또한 소설을 읽게 하면 주변 사람들을 찾아 나서기보다 소설 속의 인물들에게 몰입할 것이다.

확성기형

마지막으로 다른 어떤 유형 못지않게 중요한 확성기형이 있다. 확성기형의 잠재력은 왕성한 추진력과 넘치는 에너지다. 이 유형에 속하는 아이들은 무언가에 제대로 도전했을 때 그 과정에서 심각한 장애물과 맞닥뜨려도 투지와 의지력으로 극복한다. 확성기형은 주변에서 어떤 일이 일어나든 그 일을 확장하는 타고난 능력을 지니고 있다.

확성기형은 태평한 눈빛으로 아무렇지도 않게 모험을 즐기므로 삶이 모험의 연속일 가능성이 크다. 이 유형은 주로 살면서 강렬한 경험을 찾아다니는 활동적이고 용감하고 대담한 사람들이다. 그래서 흥분을 조절하는 법을 배우지 않으면 성공적인 학교생활을 하기 어렵다. 하지만 이 유형이 타인의 욕구에 관심과 에너지를 쏟는다면 영감을 주는 뛰어난 지도자나 선생님, 관리자, 자영업자가 된다.

확성기형에게는 어떤 환경에서 어떤 행동이 요구되는지 설명해야 할 수도 있다. 누구나 환경이 달라지면 그에 맞게 행동하는 법을 배워야 하는데, 확성기형은 보통 소란을 피우느라 바빠 상황이 달라져도 알아채지 못한다.

일부 확성기형은 세상과 정면으로 맞서는 어른으로 자라지만, 대개는 좋은 생각이 떠올라도 이내 더 좋은 생각이 떠올라 좀처럼 원래의 생각을 끝까지 실행하지 못한다.

확성기형은 보통 집중하는 패턴이 아주 뚜렷하다. 하루 중 어떤 시간에는 집중력이 굉장히 높고 어떤 시간에는 굉장히 산만하다. 아이의 집중력이 변하는 주기를 자세히 살펴 그에 맞게 책을 읽고 숙제하는 시간을 배치해야 한다.

확성기형은 고조된 감정을 아주 예리하게 포착한다. 주변에서 갈등이 벌어지면 바로 알아차리고, 주로 그 갈등을 키운다. 따라서 가족 간에 꼭 좋은 감정이 쌓이도록 부모가 의식적으로 노력해야 한다. 가족 간의 경쟁을 줄이거나 적극적으로 차단해야 할 수도 있다.

확성기형의 양육법

확성기형의 잠재력을 끌어내려면 자신에게 가치 있는 도전을 고르고 에너지의 양을 조절하는 법을 가르쳐라. 확성기형은 격렬한 활동을 좋아해 빠르게 몸을 움직이는 활동, 즉 개인 기록을 측정하는 경기나 도전, 게임에 흥미를 보인다. 아이가 마음을 빼앗겨 몰두할 만한 활동을 신중하게 골라 활동의 형태를 다양화해라. 에너지를 발산하는 시간을 보낸 뒤에는 마음을 가라앉히거나 휴식을 취하는 시간이 필요하므로, 능동적으로 활동하는 시간과 수동적으로 학습하는 시간을 번갈아 배치하는 것이 좋다.

일부 확성기형은 너무 성급해 과제의 마지막 부분에만 집중한다. 이런 아이들은 목표를 달성하기 위해 밟아야 할 단계들을 파악한 뒤에 각각의 단계를 계획하게 하면 좋다. 아이가 그 과정을 밟도록 지도하려면 다음과 같은 질문을 할 수 있다.

"x를 하려면 무엇을 해야 할까? 첫 번째에는 무엇을 하고 두 번째에는 무엇을 해야 할까? 그리고 마지막으로 무엇을 해야 할까?"

이렇게 목표에 이르는 단계를 파악하도록 도우면 아이의 계획하는 능력이 높아질 것이다.

단체 운동 경기는 대부분 내가 출전하는 시간과 다른 사람이 뛰는 모습을 지켜보는 시간이 번갈아 있다. 출전하지 않는 시간 동안 어떻게 작전을 생각하고 계획하고 구성할 수 있는지 부모가 알려주지 않으면, 확성기형 아이들은 그 시간에 완전히 엉뚱한 뭔가를 하고 있을 가능성이 크다.

확성기형은 보통 의지력이 넘친다. 물론 장점이지만, 의지가 과하면 혼자서 다 할 수 있다는 착각을 할 수 있다. 모든 사람이 확성기형만큼 투지와 에너지가 넘치는 것은 아니다. 확성기형 아이에게는 성공이 단순히 영광을 독차지하는 문제가 아니라는 사실을 깨우치게 할 필요가 있다. 때로는 다른 사람의 능력을 빌리고 활용하면 훨씬 좋은 결과를 얻을 수 있음을 가르쳐야 한다. 이 사실을 가르칠 때 쓸 수 있는 유용한 도구는 다음과 같다.

- 개인의 성과를 높이는 기술과 긍정적인 코칭 기술
- 협동 게임
- 단체 경기

내 아이가 모두 다 속하거나 아무 데도 속하지 않는다면?

내 아이가 괴짜형뿐 아니라 행복한 방랑자형, 공상가형, 스파이형, 꼼지락형의 특징을 모두 조금씩 보이는 것 같더라도 혼란스러워할 필요는 없다. 대부분이 처음에는 모든 유형에 속하는 것처럼 보인다. 아이가 집중하는 방식을 파악하는 데는 시간이 걸리기 마련이다. 아이가 언제 제일 잘 집중하는지 주의 깊게 관찰하는 단계에서부터 시작해라.

아이가 집중하는 패턴의 주요 특징을 파악할 때까지 한동안 시행착오를 거칠 각오를 해라. 아이가 성공을 향해 나아가도록 이끌고 싶다면 시간을 들여 아이의 패턴을 알아낼 필요가 있다. 아이가 잘하는 분야를 파악해 그 분야에 더 몰입하게 하고, 동시에 뒤처지는 분야를 인지하되 그 사실에 너무 신경 쓰지 말아야 한다.

학교는 보통 아이들이 모든 분야에 능숙해지게 하려고 노력한다. 교육과정이나 강의 요강이 정해져 있다. 그래서 학교 교육은 아이들의 천재성을 발굴하고 키워내는 데 어려움이 많다. 천재는 자기가 잘하는 분야를 찾아 그 분야를 맹렬히 파고들지만 다른 분야는 잘하든 못하든 상관하지 않기 때문이다.

아이의 능력을 너무 일찍 단정할 필요는 없지만, 집중하는 패턴과 강점을 파악하면 아이를 더 잘 도울 수 있다. 아이가 어떤 문제로 고심하거나 그 문제를 이해하지 못해 애를 먹을 때 다음과 같은 대안을 제시하면 좋다.

"음, 그림을 그려보면(또는 각 단계를 말로 설명해 녹음해보면, 게임을 하듯 해보면, 그룹을 짜서 연구해보면, 점토로 모형을 만들어보면) 어떨까?"

아이가 자신의 강점을 활용하는 방식으로 학습하게 해라. 강점을 최대한 활용하는 것이 중요한 이유는 인생에서 성공은 또 다른 성공을 낳기 때문이다. 한번 성공을 맛보면 자연히 더 많은 성공을 찾아 나서게 된다.

또 한편, 아이가 어떤 유형에도 속하지 않더라도 너무 걱정하지 말길 바란다. 이 유형들은 내가 수년간의 심리 상담을 하면서 만난 아이들을 대상으로 한 분류일 뿐이다. 당연히, 전 세계 모든 아이의 유형이 묘사돼 있지는 않다. 그렇더라도 아이의 집중력과 성공을 돕고 싶다면 아이가 자연스럽게 몰두하는 대상을 계속 찾는 것은 무척 중요하다.

아이의 집중력을 개발하는 활동

2~4세

- 일상생활에서 언어를 가르쳐라.
- 소리 내서 책을 읽어줘라.
- 서로 시선을 맞추는 '나를 봐', 또는 '빨간불 초록불'처럼 집중력을 필요로 하는 게임
- 그림을 그리거나 놀면서 최대한 오랫동안 균형을 잡는 게임
- 중요한 순간을 찍은 사진으로 모빌을 만들어 천장에 달기
- 상대의 행동을 따라 하는 게임
- 춤추기
- 숨바꼭질이나 삼목 두기(두 사람이 가로와 세로로 세 칸씩 그려진 네모 안에 O와 X를 번갈아 그려 가로, 세로, 대각선으로 먼저 한 줄을 이으면 이기는 게임-옮긴이)
- 성냥갑 자동차, 구슬, 인형극용 인형, 사람 모양의 인형, 곰 인형 가지

고 놀기

- 작고 가벼운 고무공 던지고 받기
- 〈알파벳 노래〉와 〈맥도날드 아저씨네 농장〉 같은 노래 부르기
- 그림책을 여러 번 반복해 읽기
- 손가락, 발가락, 귀, 눈, 코, 사람 수 세기
- 바닷가 바위 사이의 웅덩이 탐험하기

5~7세

- 스냅(숫자로 된 카드로 덧셈뺄셈을 배우는 게임-옮긴이)이나 피시(동물, 국가, 단어 등 영역별 개발을 돕는 게임-옮긴이)와 같은 간단한 카드 게임
- 운동 기능, 추상적 추론, 공간 조직 능력을 키우는 조각 그림 맞추기
- 언어 능력과 집중력을 개발하는 스무고개
- 계획하고 정보를 정리하는 데 도움이 되는 콜라주나 순서도, 벽보 만들기
- 더 잘 기억하도록 색종이에 정보 적기
- '도시락 싸기!'처럼 팻말이나 메모 이용하기
- 과거의 성공을 상기시키는 사진을 눈에 띄는 곳에 붙이기
- 필기가 재미있어지도록 반짝이펜과 물감, 크레용 사용하기
- 기억력을 강화하는 카드 짝 맞추기
- 사이먼 가라사대 게임
- 춤을 추고 롤러스케이트를 타고 모래성 쌓기

- 원격 조종 자동차, 장난감 기차 세트, 망원경, 모자이크, 파워레인저 장난감, 자동차 모형 가지고 놀기
- 비행기, 모형 인형, 로봇 같은 간단한 모형 만들기
- 어린이용 모노폴리 게임과 다이아몬드 게임 하기
- 스파이 놀이, 들새 관찰하기

8~11세

- 일정 시간 동안 말없이 공부하게 해라.
- 부드러운 음악으로 아이의 에너지 수준을 낮춰라.
- 트위스터 게임이나 의자 뺏기 게임
- 시각-운동 기능(눈과 손의 협응력)과 협력하는 능력을 키우는 미식 핸드볼(특히 4인용)
- 연 만들어 날리기
- 대근육 및 소근육의 협응력을 키우는 레고 블록 놀이
- 문제 해결 능력을 키우는 미로 찾기
- 체조와 춤
- 포니 클럽(청소년 승마 단체) 활동
- 바이올린, 기타, 피아노, 첼로, 트럼펫 등의 악기 배우기
- 소근육 발달에 좋은 모형 만들기
- 수리 감각을 키우는 블록, 주사위, 타일 놀이
- 운이 같은 단어를 맞히는 게임, 시 읽고 쓰기

- 녹음된 동화나 오디오북 듣기
- 춤추기, 줄넘기, 원반던지기, 훌라후프 돌리기, 요요 가지고 놀기
- 마술 묘기 연습하기
- 온 가족이 픽셔너리, 모노폴리, 조각 그림 맞추기, 주사위 놀이 하기

12~18세

- 순서 감각을 키우는 배틀십 게임
- 문제 해결 능력과 전략적 사고를 높이는 체스
- 계획하는 능력을 높이는 다이아몬드 게임
- 리스크 게임(주사위를 던져 영토를 넓혀가는 세계정복 게임-옮긴이), 백가몬 게임(주사위를 던져 말을 움직이는 보드게임-옮긴이), 카드 게임, 도미노 게임
- 악기 배우고 연주하기
- 밴드와 합창단 활동 하기
- 즉흥 연기 시합 하기
- 시 슬램덩크 게임(한 사람씩 단어를 추가하면서 즉석에서 시를 짓는 게임으로 듣기 능력, 집중력, 즉흥적 사고 능력을 키우는 데 좋다.)
- 동영상과 팟캐스트 제작
- 컴퓨터 게임과 대체 현실 게임
- 땅속에 묻힌 역사적 보물 찾기
- 명상과 마음챙김 훈련

- 춤추기
- 스케이트와 고카트 타기
- 점토 모형 만들기
- 패션 디자인 도전하기

5장

사고력:

생각하고 추론하는 능력을 키우는 법

기회는 항상 문제인 척 변장하고 온다.

– 폴 호켄

런던의 어느 슈퍼마켓 농산물 코너에서 한 남자 손님이 상추를 반 포기만 살 수 있는지 물었다. 젊은 남자 점원이 포기 단위로만 판다고 답하자, 손님은 점장에게 물어보라고 고집을 부렸다.

점원은 사무실로 가서 점장에게 이렇게 말했다. "어떤 짜증 나는 노인네가 상추를 반 포기만 사고 싶답니다."

말을 마치고 잠시 돌아선 점원은 그 손님이 바로 뒤에 서 있는 걸 봤다. 점원은 재빨리 이렇게 덧붙였다. "그리고 이 신사분이 감사하게도 나머지 반 포기를 사겠다고 하십니다."

점장은 거래를 승인했고 손님은 상추 반 포기를 사서 돌아갔다.

영업이 끝나고 점장이 점원에게 말했다. "곤란한 상황에서 빠져나오는 재주가 아주 뛰어나더군. 고향이 어딘가?"

"뉴질랜드입니다." 점원이 답했다.

"고향을 왜 떠나온 거야?" 점장이 물었다.

점원은 말했다. "뉴질랜드에는 창녀와 럭비 선수밖에 없거든요."

"그래?" 점장이 답했다. "내 아내도 고향이 뉴질랜드야!"

"정말이요?" 점원이 답했다. "어느 팀 소속이셨대요?"

점원의 마지막 말은 점장의 부인이 창녀는 아님을 확신한다는 걸 순발력 있게 보여준 것이다. 조금 각색하기는 했지만 웹상에서 전파되고 있는 이 이야기는 민첩한 사고의 중요성을 보여주는 좋은 예다.

인간은 태어난 순간부터 세상이 돌아가는 방식을 두고 실험을 하기 시작한다. 그래서 UC 버클리의 심리학과 교수이자 인지과학자인 앨리슨 고프닉Alison Gopnik은 아기를 요람 속의 과학자로 묘사하기도 했다.[1] 아이들은 단계마다 다음과 같은 가설을 세우고 검증하고, 실험을 거쳐 검증한 결과를 최종적으로 확인한다. 가설은 다음과 같다.

- 크게 소리를 지르면 부모님이 올까?
- 눈물을 흘리면 어떻게 될까?
- 잠이 오지 않는다고 말하면 자지 않아도 될까?
- 동생에게 무언가를 던지면 엄마가 내게 관심을 줄까?
- 학교에서 열심히 하지 않으면 중도에 퇴학하게 될까?
- 부모님이 출장을 간 동안 파티를 열면 결국 들킬까?

부모는 아이의 실험 대상이다. 부모로서 실험 대상보다 더 높은 지위를 획득하려면, 아이가 부모의 화를 돋우는 방법보다 세상이 돌아가는 방식을 더 집중적으로 연구하게 해야 한다.

어린아이는 자라면서 새벽부터 일어나 여기저기 참견을 하고 다니는 수탉과 비슷해진다. 호기심이 커져 질문을 아주 많이 한다. 달은 왜 밤에 빛나요? 낮에는 왜 빛나지 않아요? 불을 끄면 불빛은 어디로 가죠? 왜 하늘은 파란색이에요? 물은 왜 축축해요? 개는 왜 털이 많아요?

아이의 뇌는 시속 100만 킬로미터의 속도로 회전하며 스펀지처럼 정보를 흡수한다. 우리가 알아야 할 것은 아이의 호기심을 키우는 방법이 아니다. 아이들은 이미 어른이 못 견딜 정도로 무엇이든 배우고 싶어 한다. 문제는 그 호기심을 유지시키는 방법이다.

안타깝게도 6~7세에 이르면 너무나 많은 아이가 배움의 욕구를 상실한다. 더는 질문을 하지 않고, 정답을 틀릴까 봐 걱정하기 시작한다. 몇몇 아이는 반에서 일등을 하지 못하면 분개하며 자기 자신을 패배자로 여기기도 한다. 물론 모두가 그런 것은 아니지만 너무나 많은 아이가 호기심의 빛을 점점 잃어버린다.

부모가 정말로 신경 써야 할 문제는 아이가 생각을 하게 할 방법이 아니라 생각을 계속하게 할 방법이다. 아이가 지닌 호기심의 불꽃이 꺼져가는 불씨가 되지 않고 계속 활활 타오르게 할 방법 말이다.

인생에서 성공하려면 사고력이 뒷받침돼야 한다. 무엇을 하든 더 나은 결과를 내려면 효율적 사고가 필요하다. 다행히도 일단 효율적으로 사고

할 수 있게 되면 삶의 모든 부분에 그 기술을 적용할 수 있다.

효율적으로 사고하는 방법 역시 설명하고 가르치고 배울 수 있다. 지금부터는 생각의 범위를 확장하고 호기심을 계속 살리는 효율적 사고법을 살펴볼 것이다. 복잡한 세상에서 두각을 드러내는 사람은 명확하고 깊고 단순하게 사고할 수 있는 사람이다. 부모의 역할은 우선 아이가 아주 단순한 생각을 떠올리도록 돕는 것이다. 머릿속의 잡다한 생각을 비우고, 정말 중요한 것을 드러낸 뒤에, 빠진 부분이 무엇인지 알아내게 해라.

아이가 명확한 사고를 하도록 돕는 일은 시간이 오래 걸리는 프로젝트다. 앞으로 살펴볼 사고 기법들을 한 번에 다 사용할 필요는 없다. 아마도 각각의 방법을 활용할 길은 아이가 자라는 동안 몇 년에 걸쳐 서서히 찾아내게 될 것이다. 그렇게 사고가 명확해지면 아이는 창의성과 독창성을 발휘할 뿐 아니라 행복한 삶을 살게 될 것이다.

같지만 조금 다르다

태국 사람들이 자주 쓰는 말 중에 인간의 사고를 요약한 말이 있다. 바로 '같지만 조금 다르다same, same but different'이다. 인간의 뇌는 유사점과 차이점을 바탕으로 개념을 형성한다.

인간은 패턴으로 사고한다.[2] 패턴 또는 스키마schema는 두 대상의 유사점을 파악한 다음 제삼의 대상과의 차이점을 파악할 때 형성된다.

인터넷 검색을 통해 얻은 지식이 세상에 넘쳐나면서 사람들은 다량의 사소한 정보에 접근할 수 있게 됐다. 하지만 정보에 접근하는 것과 그 정보를 이해하는 것은 다르며, 정보를 이해하는 것과 그 정보를 적용하는 법을 아는 것 또한 다르다. 의학 드라마를 즐겨 본다고 의사가 되는 건 아니지 않은가. 따라서 아이에게 서로 다른 대상 사이의 공통점을 찾는 연습을 시켜 정보 간의 연관성을 찾고 뒷받침하고 확장하게 해야 한다.

'같지만 조금 다르다'라는 태국인들의 사고방식은 서양에서는 곧 유사점과 차이점을 파악하는 것이며, 이 사고방식을 따르면 학업 성적이 무려 45%나 오른다.[3] 연구에 따르면 반에서 상위 50%였던 아이들의 성적이 상위 5%까지 올라갔다.

개념은 누구에게나 자연스럽게 형성되지만, 아이에게 다음과 같은 질문을 하면 그 과정을 촉진할 수 있다.

- 사과와 오렌지는 무엇이 비슷한가?
- 개와 기린은 무엇이 비슷한가? 개와 기린은 물소와 무엇이 다른가?

- 고딕 건축 양식과 아르 누보(신예술) 양식은 무엇이 비슷한가?
- 미국 독립전쟁과 프랑스 혁명은 무엇이 비슷한가?
- 빛의 속도와 소리의 속도는 무엇이 비슷하고 무엇이 다른가?

단순한 생각을 제대로 이해하라

> 나는 늘 하나의 생각으로 시작한다.
> 그러면 그 생각은 얼마 뒤 형태를 지닌다.
> – 피카소

천재적인 행위는 대부분 아주 단순한 생각들을 새로운 방식으로 결합해 사물을 완전히 다른 방식으로 보는 데서 비롯된다. 아인슈타인은 상상이 지식보다 중요하다고 말했는데, 상상을 하기 위해서라도 먼저 지식을 습득해야 한다.

아이가 기본 지식을 습득하는 가장 좋은 방법은 좋은 부모를 곁에 두는 것이다. 여기서 좋은 부모란, 부모라면 마땅히 아이가 세상을 탐구하고 이해하도록 도와야 한다는 사실을 아는 사람을 말한다. 양육은 아이에게 배움의 기회를 주는 과정이다. 아이는 세상에서 가장 이상한 질문을 부모에게 던지고 답을 기다린다. 아이의 잠재력을 끌어내는 가장 강력한 방법 중 하나는 "글쎄, 나도 모르겠는걸? 같이 찾아볼까?"라고 말하는 것이다.

아이가 바람이 어디에서 불어오는지 물었다고 해보자. 아마 대부분은 '바다'와 같은 간단한 답을 주거나 인터넷을 검색해 더 폭넓은 답을 줄 것이다. 이때 좋은 부모는 아이의 질문을 강력한 배움의 기회로 삼는다. 아이가 하는 모든 질문을 배움의 기회로 삼을 만큼 한가한 부모는 없겠지만, 가능한 한 아이의 질문을 다양한 주제와 연결하는 것이 좋다.

예를 들어, 바람이 어디에서 불어오는지 답할 때는 각 나라의 날씨를 알려주는 세계 지도를 구해 바람이 부는 지역과 잠잠한 지역을 확인할 수 있다. 그런 다음 고기압과 저기압의 배치를 보여주는 일기도를 구해 바람이 각각의 지역에서 어떤 방향으로 부는지 알아볼 수 있다.

사이클론이나 허리케인이 예보된 곳이 있다면 그에 관해 배워도 좋다. 아이가 계속 관심을 보이면 번개와 구름과 비로 주제를 확장할 수 있다. 그런 다음 야외로 나가 연을 날리거나 파도를 타거나 보트를 타면서 바람을 직접 경험하는 것도 좋다.

사고를 확장하는 법은 꼭 배워야 하는 기술이지만 도를 넘지는 말아야 한다. 아이의 눈빛이 흐리멍덩해지기 시작하면 바람과 관련해 더 알고 싶은 내용이 있는지 묻고, 없다고 하면 거기에서 멈춰라. 적정선을 지켜라.

먼저 아이가 기본적인 지식과 개념을 제대로 알게 해라. 그런 다음 아이가 흥미를 보이면 그 지식을 토대로 배움을 확장해라. 시간이 지나면서 열정이 식겠지만, 아이의 관심사가 유지되는 한 계속해서 사고를 넓혀라. 예를 들어 이렇게 말해라.

"지난주에 바람이 어디서 불어오는지 물어봤었지? 그 문제에 관해 새로운 것을 알았단다. 무엇이냐면….”

닥터 수스의 동화책 《너는 어디든 갈 수 있단다!Oh, the places you will go!》[4]의 제목처럼, 어디로든 확장할 수 있다.

사실적 정보는 학습의 뼈대다

단순히 사실적 정보에 집중하기보다 습득한 정보들이 서로 어떻게 연결되는지 아이가 스스로 깨닫도록 공을 들여라. 인터넷을 검색하면 어떤 정보든 곧바로 찾을 수 있는 세상에서 영국 왕족의 계보 같은 백과사전적 지식은 그리 중요하지 않다. 다량의 사실적 정보에 쉽게 접근할 수 있는 세상이지만 사고력이나 판단력, 지혜는 여전히 귀한 자원이다.

어떤 사실적 정보는 지식을 형성하는 데 중요한 토대가 되지만, 주제가 무엇이든 사실은 지식의 뼈대일 뿐이다. 지식은 사실에 학습이라는 살을 붙여야 형성된다.

전통적인 학교 교육은 학습할 내용을 주제라는 서로 다른 상자에 나눠 담는다. 그러나 아이의 잠재력이 작동하게 하려면 지식의 분야를 나누지 말고 연결해야 한다. 역사 교육을 예로 들면 보통 그리스사, 로마사, 중국사처럼 사건들을 각각 동떨어지게 나열할 뿐 서로 간의 연결고리는 가르치지 않는다. 그보다는 《아이 교육The Well-Trained Mind》의 저자 수전 와이즈 바우어Susan Wise Bauer가 제안한 대로, 아이와 함께 세계사의 모든 사건을 시대별로 표시한 연대표를 만드는 방식이 더 좋다.[5] 시대를 나누고 각 시대의 주요 사건들을 표시한 긴 종이를 벽에 붙여라. 그리고 세계 지도나 지구본을 보면서 각 사건이 일어난 지역을 아이가 직접 찾게 해라.

사실적 정보를 바탕으로 아이에게 흥미로운 질문을 던질 수도 있다. 예를 들어, 동물을 분류할 때 포유동물은 '알이 아닌 새끼를 낳으며 몸의 대부분에 털이 난 온혈 동물'로 정의할 수 있다. 이 사실을 알려준 뒤에 다음과 같은 질문으로 아이의 사고를 확장해라.

- 고양이와 개와 코알라는 포유동물인가? (그렇다.)
- 뱀과 크로커다일은 포유동물인가? (알을 낳으므로 아니다.)
- 물고기는 모두 포유동물인가? (털이 없으므로 대부분은 아니다.)
- 바다나 강에 사는 포유동물이 있는가? (그렇다. 고래와 오리너구리는 포유동물이다.)
- 알을 낳는 포유동물도 있는가? (그렇다. 바늘두더지는 알을 낳는다.)

보통 4세까지는 부모가 아이의 학습을 주도한다. 예를 들어, 아이와 무언가를 할 때 중계방송을 하듯 그 과정을 설명한다. 그러다가 4세 이후에는 아이의 지식을 확장하고자 계속 더 많은 사실을 탐구할 것이다. 사실을 배우고 적용할 때 아이의 머릿속에서 일어나는 사고야말로 아이의 잠재력을 꽃피운다.

어떤 사실적 정보는 아이에게 꼭 가르쳐야 한다. 문법 규칙을 모르면서 글의 뜻을 분석하거나, 구구단을 모르면서 고등 수학의 방정식을 완전히 이해하기는 어렵다. 다음과 같은 질문으로 일상생활에서 읽기를 연습시켜라.

"소금 좀 주겠니? '소금'이라고 쓰여 있는 병 말이야."

그리고 독서 시간을 정해놓고 매일 책을 읽게 해라. 아이들은 대부분 읽을 마음이 생긴 뒤에야 쓸 마음이 생긴다.

숫자도 일상생활에서 익히게 해라. 구구단과 나눗셈을 생활 속에서 가르칠 수 있다. 예를 들어, 아이에게 사과를 4개 보여주면서 이렇게 물어라.

"사과 4개를 각각 반으로 자르면 모두 몇 조각이 될까?"

"사과 4개를 4등분하면 모두 몇 조각이 될까?"

우노(같은 색깔이나 숫자의 카드를 내려놓을 수 있으며 모든 카드를 가장 먼저 내려놓는 사람이 이기는 게임-옮긴이)와 피시 같은 카드 게임도 아이의 수리 감각을 키우는 데 도움이 된다. 손가락이나 발가락을 세도 좋다. 또는 숨바꼭질을 할 때 규칙을 조금씩 바꿔 "찾는다!"를 외치기 전에 열이나 다섯, 둘을 세게 해라.

서로 다른 개념을 연결하는 생각의 다리가 아이의 머릿속에 저절로 생기지는 않는다. 질문을 던지고 연관성을 직접 보여주면서 아이에게 생각하는 법을 가르쳐라. 예를 들어, 구구단의 2단을 가르친 뒤에는 다음과 같은 질문으로 2단을 활용하게 해라.

"아빠 양말이 모두 10개구나. 그럼 몇 켤레지?"

"10개의 케이크와 5명의 아이가 있어. 케이크를 똑같이 나누면 한 아이가 몇 개의 케이크를 먹을 수 있을까?"

또는 특정 숫자에 관해 아는 것을 모두 말해보라고 해라. '8'을 예로 들면, 다음과 같은 답들이 나올 것이다.

- 4+4=8
- 6+2=8
- 5+3=8
- 4×2=8
- 10-2=8
- 3×8=24
- 24÷3=8
- 8은 대다수의 사람에게 평균 수면 시간이다.
- 열두 달 중 여덟 번째 달은 8월이다.
- 8은 짝수다.
- 8은 내 나이다.
- 우리 할아버지는 80세다.
- 80=8×10이므로 우리 할아버지는 나보다 나이가 10배 많다.
- 8은 2×2×2, 또는 2^3이다.
- 문어의 발은 8개다.
- 팔각형은 변이 8개다.
- 조정에서 8명이 노를 젓는 배를 '에이트'라고 한다.

이렇게 다양한 연결고리를 포착하고 그에 관해 깊이 생각하게 하면 사고가 확장되고 잠재력이 발현된다. 사고의 유연성도 커진다. 답은 '8' 하나일 수 있지만, 그 답에 이르는 질문은 수도 없이 많다!

관찰하라

> 좋은 아이디어를 얻으려면, 아이디어를 많이 모은 다음
> 그중에 나쁜 아이디어를 버려라.[6]
> – 라이너스 폴링

아이의 효율적 사고를 돕는 또 다른 방법은 관찰하는 능력을 갈고닦게 하는 것이다. 아기들은 사람을 관찰하는 능력이 탁월하다. 하지만 그 순수하고 열린 마음을 어른이 될 때까지 유지하기는 어렵다. 주의력 결핍에 시달리는 사람이 많아 보이는 요즘 세상에서는 잘 깨닫고 주의 깊고 관찰력이 있는 사람이 두각을 드러낸다.

주목하고 관찰하는 기술은 생각보다 그렇게 단순하지 않다. 단순히 시야에 들어온 사물을 보는 수동적인 행위가 아니라 무엇을 어떻게 관찰할지 미리 알고 임하는 적극적인 행위다. 예리한 관찰자는 보이고, 들리고, 감정이나 촉감이 느껴지고, 냄새가 나는 대상을 적극적으로 탐구하고 이해하려고 노력한다. 모든 감각을 동원해 대상에 깊이 몰입한 뒤 '여기서

무엇을 배울 수 있을까?'라고 묻는다.

관찰을 하면 천재적인 사고가 작동되기 시작한다. 천재는 어린 시절의 타고난 호기심을 유지하고 그 호기심을 레이저처럼 집중적이고 강렬하게 자신의 관심 분야에 쏟는다.

아이들에게 벌어지는 정말 끔찍한 일은 통통 튀는 호기심의 대상이었던 배움이 정보를 받아들이는 수동적인 과정으로 바뀌는 것이다. 우리 사회는 배움에 아주 이상한 짓을 저지르고 있다. 배움을 모험과 즐거움의 영역에서 끄집어내 힘든 일로 만들고, 학교에서는 '과'라고 불리는 작은 단위로 지식을 세분화한다. 그러다 보니 배움이 '당연히 하는 것'에서 '어려움을 참고 해야 하는 것'으로 바뀌고 있다.

아이들은 대부분 선천적으로 영리하기 때문에 어떤 아이든 자신의 능력을 개발할 수 있다. 아이의 관찰하는 능력을 갈고닦는 부모는 아이의 잠재력을 끌어낼 수 있다. 아이의 관찰 능력을 키우는 활동은 다음과 같다.

- 지나가는 사람 관찰하기
- 탐정 놀이
- 추리 영화 보기
- 틀린 그림 찾기
- 그림에서 빠진 부분 찾기
- 쟁반 위에 물건 10개를 놓고 이를 기억하는 놀이 같은 기억력 게임

- 가방의 물건이 누구의 것인지 알아맞히기
- 사진과 그림 해석하기
- 퍼즐과 수수께끼 놀이

'감정 탐정 놀이'라는 활동도 도움이 된다. 부모와 아이가 지나가는 사람들을 관찰하며 그 사람의 감정을 추측할 단서를 찾는 재미있는 놀이다. 지나가는 사람을 한 명 골라 그 사람이 어떤 하루를 보냈고, 어떤 기분이며, 무엇을 할 것 같고, 어떤 종류의 일을 하는지 등을 아이에게 추측하게 해라. 관찰하는 능력뿐 아니라 감성 지능도 향상될 것이다.

초등학생이나 10대들은 이런 놀이를 하자고 하면 부모를 경계하는 눈빛으로 볼 수도 있다. 그럴 때는 연애할 때 유용한 놀이라고 설득해라. 아이가 제짝을 고를 때 실제로 도움이 될 테니 완전히 허황된 얘기는 아니다.

관찰은 단순히 존재하는 것뿐 아니라 존재하지 않는 것을 보는 행위다. 디즈니월드는 월트 디즈니가 세상을 떠난 뒤에 문을 열었다. 이 점에 대해 누군가가 디즈니월드를 보지 못하고 죽은 월트를 안타까워했다. 그러자 월트의 한 친구가 이렇게 답했다. "디즈니월드가 개장한 건 월트가 이 자리에서 디즈니월드를 봤기 때문이라네."

1937년 실번 골드먼이라는 슈퍼마켓 체인점의 사장은 고객들이 두 손으로 들 수 있는 만큼밖에 못 산다는 사실을 깨달았다. 존재하지 않는 것을 생각한 끝에 골드먼은 나무로 된 접이식 의자에 바퀴와 바구니를 달아

쇼핑 카트를 발명했다.[7]

관찰의 핵심 요소는 감각이며 그중에서도 특히 시각이 중요하다. 만물이 서로 어떻게 연결돼 있는지 생각하고, 그 과정에서 종종 빠진 부분을 포착할 줄 아는 사람은 시각이 천재적인 수준으로 발달한다.

관찰을 할 때는 첫인상에 만족하지 마라. 우리는 흔히 맨 처음 관찰한 내용을 토대로 판단을 내리고, 그러고 나서는 더 생각하려 하지 않는다. 렉스가 편안한 상태를 유지하고 싶어서 앨버트에게 그만 일하라고 말하는 것이다. 그러나 천재는 여기에서 만족하지 않고 호기심을 불태운다. 대상에 계속해서 주목하면서, 관찰을 거듭할수록 자기도 모르게 계속되는 의문점을 통해 처음 한 관찰이 옳은지 그른지 확인한다.

빨간 두건을 쓴 소녀의 이야기가 주는 귀중한 교훈을 잊지 말자. 침대에 누워 자신이 할머니라고 말한다고 정말 할머니라는 보장은 없다. 계속 관찰해야 한다.

실수하라

시도해봤는가? 실패했는가?

상관없다. 다시 시도해라.

다시 실패해라. 더 잘 실패해라.

– 사뮈엘 베케트

실수하는 능력은 천재의 필수적인 자질이다. 제대로 실수하는 법을 모르면 어떤 목표도 달성하기 어렵다. 실수를 하면 목표 달성에 한 걸음 가까워진다는 사실을 아이에게 깨우쳐라.

역사적으로 중요한 발견 중 몇 가지는 실수에서 비롯됐다. 크리스토퍼 콜럼버스Christopher Columbus는 인도를 찾다가 아메리카 대륙을 발견했다. 알렉산더 플레밍Alexander Fleming은 세포 배양 접시에서 우연히 자란 곰팡이가 세균의 증식을 억제한다는 사실을 깨달아 페니실린을 발견했다. 실수를 하지 않는 사람은 아무것도 만들지 못한다.

새로운 것을 만들려면 실수를 많이 해야 한다. 업계에서 가장 많이 팔리는 다이슨 진공청소기를 예로 들어보자. 이 청소기의 발명가는 원하는 청소기를 얻기까지 5,127개의 시제품을 만들었다면서 이렇게 말했다.

"5,126번의 실패를 거듭했지만 매번 배울 점이 있었습니다. 이것이 제가 해결책을 찾는 방식이죠. 그래서 저는 실패해도 개의치 않습니다."

파리에서는 아이들에게 실수할 기회를 주고 지적 소심함에 반기를 들게 하는 '실수 축제'가 열리기도 한다.

1961년 5월 25일 존 F. 케네디John F. Kennedy는 1960년대 말까지 인간을 달에 착륙시키고 무사히 지구로 귀환시키겠다고 공언했다. 그다음 날, 국가우주위원회는 준비 작업에 착수했지만 곧바로 우주 비행사에게 우주복을 입히지는 않았다. 3년 뒤 미 항공우주국NASA의 레인저 7호가 발사됐고, 시속 9,434킬로미터의 속도로 달에 충돌했다. 1969년 7월 16일 아폴로 11호가 무사히 달 표면에 착륙하기까지 NASA는 열다섯 번의 실패를 거듭했다.

무언가에 성공하려면 꼭 실수를 해야 한다. 진전이 없는 상태에서 벗어나게 해주는 것도 실수다. 창의적인 업적은 모두 잇따른 실수의 결과물이다. 실패는 성공으로 향하는 좁은 길을 넓혀준다.

1970년대에 세 남자가 교통의 흐름을 분석하는 '트래프오데이터Traf-O-Data'라는 시스템을 발명했는데, 처참하게 실패했다. 하지만 세 남자는 실패를 교훈 삼아 또 다른 회사를 차렸다. 그 회사의 이름이 마이크로소프트다.

시원찮아질 기회가 없으면 훌륭해질 기회도 잡을 수 없다. 포스트잇이 개발된 것은 3M사 연구소의 스펜서 실버Spencer Silver가 강력한 접착제를 만들려다 실패해 약한 접착제가 만들어졌기 때문이다. 비틀스는 유명해지기 전에 몇 년 동안 클럽과 술집의 무대를 전전했다.

아이가 마음껏 놀고 탐구하고 꿈꾸고 창조하게 하려면 시도하자마자 성공해야 한다는 부담을 없애라. 아이에게 실수를 권장해라. 틀렸다고 생각하는 답을 말하게 해라. 그 답이 왜 틀렸다고 생각하는지 물어라. 이렇게 하면 아이는 어깨를 으쓱하고 멍한 표정을 짓는 대신 생각하는 과정에 자발적으로 참여하게 된다. 대다수의 위대한 사상가들도 오답을 발판으로 해결책을 찾는 법을 배워 성공을 거뒀다.

가정에서 먼저 실수를 해도 부끄러워하지 않는 분위기를 조성해라. 사람들은 대부분 부족한 지식과 실수를 숨기면서 그 실수를 아무도 눈치채지 않길 바란다. 이런 분위기 속에서는 누구나 호기심을 잃어버린다. 가정에서 실수를 용납하는 분위기를 조성하려면 부모부터 시작해라. 매일 12

개의 작은 실수를 허용하기로 마음먹고, 첫 번째 실수를 하고 나면 '하나 했으니까 11개 남았군'이라고 생각해라.

> 나는 9,000번 넘게 공을 넣지 못했고 300회에 달하는 시합에서 졌다. 결승전의 승패를 가르는 슛도 26번 놓쳤다. 나는 지금껏 실패하고 또 실패했다. 그래서 성공한다.[8]
>
> – 마이클 조던

질문하라

> 모두가 사실이라고 믿는 것은 실제로는 사실이 아니다.
>
> – 갈릴레오 갈릴레이

질문을 한다는 것은 지능이 있다는 증거다. 천재성은 누구에게나 보이는 것을 보면서 아무도 하지 못하는 생각을 하는 능력이다.

소크라테스는 모든 사고는 질문에서 시작된다고 말했다. 그의 모든 교수법은 기본적으로 답을 주는 형식이 아니라 질문을 던지는 형식이다. 질문은 아이의 사고를 촉진한다.

천재는 아주 기초적인 질문도 스스럼없이 한다. 천재가 기발한 착상을 얻는 이유는 남들은 너무 멍청해 보일까 봐 하지 못하는 질문을 던지기 때문이다. 머릿속에 떠오르는 너무나 뻔한 질문을 주저 없이 하고 나서는, 세상에서 제일 이상하고 특이하고 엉뚱한 질문을 하기 시작한다. 그리고 그 질문이 낳은 답과 발상들을 새롭고 흥미로운 방식으로 연결한다.

천재는 여러 가지 생각을 재배열하고 독창적으로 연결한다. 아인슈타인은 햇빛에 올라타 날아다니는 공상을 하다 상대성 이론을 발전시켰다. 물리학자인 닐스 보어Niels Bohr는 양자역학을 이해하는 과정에서 입장과 연구 방향을 하루걸러 바꿨다. 어떤 날에는 양자역학을 우리가 사는 세상을 정확하게 묘사한 이론으로 가정하고 그 이론이 시사하는 바를 연구했다가, 다음 날에는 잘못된 이론으로 가정했다.

나와 다른 입장에 귀를 기울이는 자세도 중요하다. '선의의 비판자' 역할을 맡아 자신의 생각을 비판하는 법을 아이에게 가르쳐라. 탐구심을 자극하는 생각 카드를 활용하면 자신의 생각에 의문을 제기하는 연습을 시킬 수 있다. 카드는 직접 디자인해서 만들어도 되고, www.inyahead.com.au에서 내려받아 만들어도 좋다.

아이의 탐구심을 자극하는 질문은 다음과 같다.

- 이 문제가 중요한 이유는 무엇인가?
- x는 y와 어떤 관련이 있는가?
- 대안은 무엇인가?
- x에 관한 정보 중에 무엇이 사실이라고 생각하는가?
- 그것이 사실이라는 것을 어떻게 아는가?

- 왜 그것이 사실이라고 생각하는가?
- 그 사실을 입증할 증거가 있는가?
- 어떤 정보가 더 필요한가?
- 그렇게 생각하는 이유를 설명할 수 있는가?
- 그 이유만으로 충분한가?
- 더 많은 이유를 찾으려면 어떻게 해야 하는가?
- 확신하는 부분과 확신이 없는 부분은 무엇인가?

'생각의 과정'을 활용하라

'생각의 과정thinking routines'은 하버드대학교의 론 리치하트Ron Richhardt와 그의 동료들이 선생님용으로 개발한 질문 묶음이다. 부모가 아이의 사고를 촉진할 때도 유용하다.

보고 생각하고 궁금해하라

호기심을 키우는 질문이다. 사진이나 그림을 보여주고 이렇게 물어라.

- 무엇이 보이는가?
- 어떤 일이 일어나고 있는 것 같은가?
- 무엇을 더 알고 싶은가?

주목하라

사진의 작은 한 부분을 보여주고 이렇게 물어라.

- 무엇이 보이는가? 눈에 띄는 것이 있는가?
- 어떤 일이 일어나고 있는 것 같은가?

사진 속에서 더 많은 정보를 캘 수 있도록 질문을 반복해라. 가설을 세우고 검증하는 연습을 시킬 수 있다.

생각하고 고민하고 탐구하라

특정한 사안이나 주제와 관련해 아이의 사고를 확장하는 질문이다.

- 이 문제에 관해 무엇을 알고 있다고 생각하는가?
- 이 문제에 관해 무엇이 궁금한가?
- 이해가 되지 않는 부분은 무엇인가? 어떻게 하면 그 부분을 이해할 수 있을 것 같은가?

제목을 달아라

신문 기사에 제목을 붙이듯 어떤 이야기나 역사적 사건의 요점을 한 줄로 표현하게 해라.

- 공룡 경보 발령: 소행성이 지구를 강타하다!
- 야구는 돌고 도는 스포츠다
- 타이타닉: 가라앉을 수 없는 배가 가라앉다

'그렇다-그렇지 않다-아마도' 게임

'그렇다-그렇지 않다-아마도' 게임으로 아이의 사고력을 강화할 수 있다.

- 개의 몸에는 벼룩이 있을 수 있다. 우리 집 개에게도 벼룩이 있을까? (아마도.)
- 새는 모두 알을 낳는다. 까치도 알을 낳을까? (그렇다.)
- 내 여동생은 내가 같이 놀아주지 않으면 운다. 내 여동생은 나를 싫어하나? (그렇지 않다.)
- 배리는 제인이 그림을 잘 그린다고 생각한다. 제인은 그림을 잘 그릴까? (아마도.)
- 저 등굣길은 안개가 짙을 때는 아주 위험하다. 오늘은 안전한데 내일도 안전할까? (아마도.)
- 어젯밤에 친구가 왔다면 타이런은 테니스를 쳤을 것이다. 타이런은 어젯밤에 테니스를 쳤나? (그렇지 않다.)

깊이 생각하는 사람이 드문 세상에서는 이러한 방식으로 생각을 가지고 노는 아이가 또래보다 훨씬 앞서나간다.

생각을 묵혀라

우리 사회는 가장 좋은 생각보다 가장 빠른 답에 더 높은 가치를 매기느라 여념이 없는 것 같다. 재담꾼은 보통 가장 재치 있는 답을 내놓지만, 천재는 좋은 생각을 얻으려면 시간을 들여야 한다는 사실을 알고 생각을 묵힌다.

렉스는 어서 빨리 생각을 멈추고 다시 휴식을 취하고 싶어 한다. 뇌가 빠른 답을 찾으려고 서두를수록 브레이크를 밟아라. 처음으로 내놓는 답은 누구나 쉽게 떠올리는, 창의성이 가장 떨어지는 답이기 쉽다. 하룻밤 자며 생각하거나 산책을 하거나 한동안 다른 일을 하거나 낮잠을 자라. 자신의 뇌에 깊이 있고 독창적인, 생각지도 못한 아이디어를 낼 기회를 줘라.

아이에게 이 사실을 가르치려면 때로는 토론을 멈추고 이렇게 말해라.

"내일까지 생각해보고 어떤 아이디어가 나오는지 보자."

답을 찾는 과정을 차분히 견디는 법을 가르치는 것은 답을 찾도록 돕는 것만큼 중요하다.

헷갈리면 도표를 그려라

공부할 때 집중하는 방식은 아이마다 다를 수 있다(4장 참고). 어떤 방식을 선호하든 우선 생각 간의 연결고리를 시각화한 개요도를 그리는 것이 가장 좋다. 주제와 관련된 모든 개념을 연결하는 버블맵 또는 마인드맵을 그리면 개념들 간의 관계를 한눈에 파악할 수 있다. 예를 들어, '생각하기'를 주제로 한 버블맵을 살펴보자.

뇌 버블맵

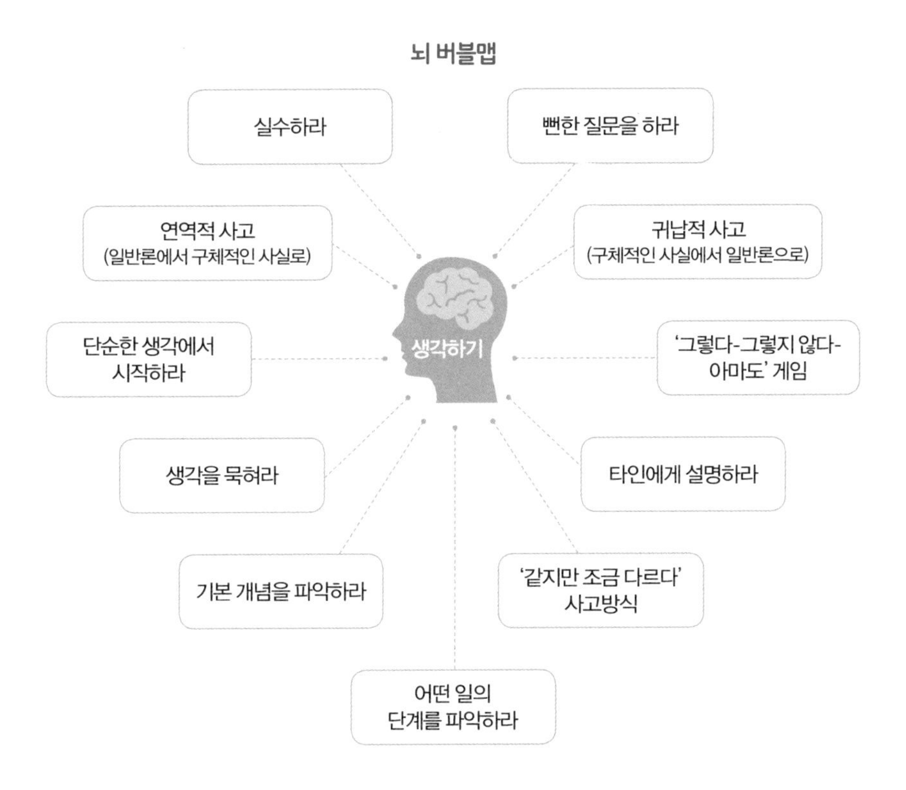

남에게 설명하라

다른 사람에게 무언가를 설명하거나 가르치는 것만큼 학습에 도움이 되는 것은 없다. 부모가 아이에게 할 수 있는 최고의 질문 두 가지는 다음과 같다.

- "그 문제에 관해 자세히 말해보겠니?"
- "와, 흥미로운 생각이구나. 왜 그렇게 생각하니?"

부모의 역할은 아이의 설명 중에 틀린 부분을 바로잡는 것이 아니다. 예컨대 아이가 오리를 자주색으로 그렸다 하더라도, 부모는 색깔이 잘못 됐다고 말할 필요가 없다. 그보다는 무슨 말을 하든 전적으로 수용해주는 사람이 되어야 한다. 아이에게는 그런 과정이 필요하며, 그 과정을 통해 사고가 확장된다.

많은 부모가 틀린 생각을 바로잡지 않으면 아이가 제대로 배우지 못할까 봐 걱정한다. 그러나 학교에서 겪는 일과 그다지 다를 바 없이 부모에게서도 비판적인 평가를 반복해서 받으면, 아이는 소심해지고 답은 하나뿐이라고 믿는 사람이 된다. 이래서는 아이의 잠재력을 끌어낼 수 없다.

무엇보다 오답을 바로잡는 방식에는 한계가 있다. 물론 '사과'는 '사'로 시작하고 '1+1'은 '2'라는 당연한 사실은 짚어줘야 한다. 그러나 아이가 그보다 복잡한 생각을 할 때는 무엇이든 수용하는 태도로 명확한 사고를 돕는 질문을 조심스럽게 던짐으로써 아이가 스스로 깨달음을 얻게 유도하는 것이 가장 좋다.

생각을 가지고 놀아라

하루를 멍하니 보내지 마라. 배움도 놀이가 될 수 있다. 생각을 비틀고 왜곡하고 과장하는 것은 아주 재미있는 놀이다. 생각을 위아래로, 안팎으로, 앞뒤로 뒤집고 확장해라. 생각을 가지고 놀아라. 생각을 가지고 놀 때는 다소 대담해져도 되며, 답을 대할 때는 일단 무시하고 의심하는 태도로 접근해야 한다는 사실을 아이에게 깨우쳐라.

창의성은 흔히 기존의 생각을 장난스럽게 무시할 때 빛을 발한다. 코미디 단막극은 이를 아주 잘 보여주는 사례다. 애벗과 코스텔로는 콩트 〈1루수가 누구야?who's on first?〉에서 유쾌한 방식으로 언어 유희를 다룬다. 그 외에 로니 바커와 로니 코벳의 〈투 로니 쇼The Two Ronnies〉, 희극 그룹 몬티 파이튼의 〈바보 쇼The Good Show〉 같은 부조리 코미디를 아이에게 살짝 맛보여줄 수도 있다.

철학의 길을 걸어라

일본 교토에는 '철학자의 길'이라는 산책로가 있다. 일본에서 손꼽히는 철학자 니시다 기타로西田幾多郎가 매일 교토대학교에 출근할 때마다 이 길을 걸으며 명상을 즐겼다고 해서 붙여진 이름이다. 이곳 사람들은 벚나무가 줄지어 서 있고 옆으로는 운하가 흐르는 이 길을 걸으며 생각에 잠긴다.

수천 년 전부터 사람들은 미로나 원 모양을 따라 걸으며 명상을 했다. 그들처럼 온 가족이 안전하고 쾌적한 길을 걸으며 생각하는 의식을 정기적으로 치르는 것도 좋다.

연역적 사고와 귀납적 사고

마지막으로 다룰 사고 기법은 상당히 복잡하다. 이해하는 데 시간이 다소 걸리더라도 좌절하지 말길 바란다. 아울러 철학에 조예가 깊은 독자들에게는 미리 사과의 말을 전한다. 대다수 부모와 아이들이 실생활에 적용할 수 있도록 복잡한 개념을 단순화한 설명이라 지적으로 당혹감을 느낄 수도 있겠지만 양해해주길 바란다.

생각은 누가 대신 해주지 않는다. 내가 직접 해야 한다. 다른 사람의 생각을 받아들이기만 하는 수준에서 벗어나려면 생각하는 법을 배워야 한다. 당면한 상황을 헤쳐나가는 사고방식에는 두 가지가 있다.

하나는 연역적 사고다. 검증을 거치고 서로 연관된 일련의 생각을 바탕으로 결론을 내리는 방식이다. 과학자가 하는 실험과 탐정이 하는 수사가 이 방식에 속한다. 탐정 셜록 홈스를 대표적인 예로 들 수 있다. 그는 일련의 단서를 수집한 다음 그 단서들을 가장 논리적인 방식으로 조합해 범죄가 이뤄진 정황을 설명한다.

다른 하나는 귀납적 사고다. 일련의 현상을 관찰하여 세상이 작동하는 방식을 설명하는 일반적인 원칙을 도출하는 방식이다. 예를 들어, 사회학자는 개별적인 현상을 관찰해 그 내용을 바탕으로 인간의 행동을 설명하는 일반론을 도출하려고 노력한다.

연역적 추론을 하는 탐정과 귀납적 추론을 하는 사회학자 모두 기존의 지식을 새로운 상황에 적용한다. 사고는 다수의 정보를 새로운 방식으로 결합하는 행위다.

두 유형의 사고방식 모두 실생활에서 자주 쓰인다. 아이에게 가르칠 때는 같은 개념을 두 가지 방식으로 생각할 수 있다는 사실을 깨닫게 하는 것이 좋다.

연역적 사고와 귀납적 사고의 주요한 차이점을 요약하면 다음과 같다.

사고의 과정

연역적 사고	귀납적 사고
일반적인 이론에서 구체적인 사례로 옮겨간다.	구체적인 사례나 생각에서 일반적인 개념이나 이론으로 옮겨간다.
기억하는 요령: '연역하다(deduce)'는 '줄이다(reduce)'와 끝나는 발음이 같다.	기억하는 요령: '귀납하다(induce)'는 '늘리다(increase)'와 첫 글자가 같다.
연역적으로 사고하면 많은 생각이 하나의 주된 생각이나 이론으로 줄어든다(일반적인 이론에서 구체적인 답을 찾는다).	귀납적으로 사고하면 어떤 생각의 응용 가능성이 늘어난다(구체적인 관찰을 토대로 일반적인 생각이나 원리를 끌어낸다).

주로 과거에 일어난 사건을 이해할 때 쓰인다.	주로 미래를 예측할 때 쓰인다.
결론이 내려진다.	전제나 이론이 도출된다.
생각의 범위를 좁히고 검증한다.	탐구하는 자세와 열린 마음으로 임한다.
사실이라고 믿는 생각으로 시작해, 그 생각이 사실이면 또 무엇이 사실인지 밝힌다.	관찰로 시작해, 관찰한 내용에서 어떤 일반적인 결론이 도출될 수 있는지 밝힌다.

연역적 사고와 귀납적 사고의 예

연역적 사고	귀납적 사고
기분이 좋은 고양이는 가르랑거린다.	모든 고양이는 기분이 좋을 때 가르랑거린다.
내 고양이는 내가 귀를 쓰다듬을 때 가르랑거린다.	내 고양이는 내가 귀를 쓰다듬으면 가르랑거린다.
내 고양이는 내가 귀를 쓰다듬는 것을 좋아한다.	내 고양이가 기분이 좋길 바란다면 귀를 더 자주 쓰다듬어야 한다.

고양이의 기분과 가르랑거림의 예만 보면 이 두 사고방식이 그다지 대단하게 느껴지지 않을지도 모르겠다. 이 두 유형의 사고방식은 각각 강점과 약점을 지니고 있다. 연역적 사고는 다수의 생각을 연결지어 검증이 가능한 이론을 만들 때 아주 유용하다. 단, 기존의 생각을 주어진 상황에 끼워 맞추기보다는 새로운 이론을 만들어 검증해야 한다. 귀납적 사고는 관찰한 내용을 바탕으로 세상의 원리를 설명하는 이론을 도출할 때 아주 유용하다. 단, 관찰이 불완전하면 상황을 잘못 인식할 수 있고 때로는 이치

에 맞지 않는 판단을 내릴 수 있다.

연역적 사고와 귀납적 사고의 결론은 다를 수 있다

연역적 사고	귀납적 사고
성공하는 학생은 숙제를 한다.	아이들은 숙제를 싫어한다.
나는 내 아이가 성공하길 바란다.	불행한 아이들은 학교를 원망한다.
내 아이가 숙제를 하게 할 방법을 찾아야겠다.	학교는 학생들에게 숙제를 시키지 말아야 한다.

어떤 결론이 더 설득력이 있느냐에 대해서는 사람마다 생각이 다를 것이다. 하지만 어떤 방식을 사용하든 문제를 심사숙고하고, 어떤 결론을 내릴지 고민하며, 자신의 사고가 지닌 한계를 이해하는 능력은 누구에게나 쓸모가 있다.

올바른 질문을 하라

영화 〈핑크 팬더〉의 한 장면을 보면 왜 좋은 질문을 해야 하고, 왜 답이 나와도 그 답에 의문을 제기해야 하는지 보여주는 훌륭한 사례가 나온다.

주인공인 클루조 경위가 호텔에 들어가 로비에 개 한 마리가 앉아 있는 걸 보고 접수 담당자에게 묻는다. "당신 개는 사람을 뭅니까?"

접수 담당자가 답한다. "아뇨, 제 개는 물지 않습니다."

그런데 클루조가 개를 쓰다듬자 개가 클루조를 물려고 한다.

클루조가 화를 내며 접수 담당자에게 말한다. "물지 않는다면서요!"

접수 담당자가 답한다. "그건 제 개가 아닌데요."[9]

이 예만 보면 귀납적 사고는 눈에 띄는 현상을 일반화해 모든 상황에 함부로 적용해버리는 단순한 사고법이라고 발끈 성을 내겠지만, 연역적 사고 역시 완벽하지 않다.

연역적 사고의 한계를 보여주는 사례는 더글러스 애덤스Douglas Adams의 《은하수를 여행하는 히치하이커를 위한 안내서The Hitchhiker's Guide to the Galaxy》 시리즈에 아주 잘 묘사돼 있다.[10] 저자는 고래가 자신의 존재에 대해 명상하는 사례를 통해, "나는 생각한다. 그러므로 존재한다"라는 데카르트René Descartes의 경구가 어떻게 잘못 사용될 수 있는지 보여준다. 고래의 연역적 사고를 요약하면 다음과 같다.

나는 생각한다. 그러므로 존재한다.

나는 지금껏 크릴을 먹고 살았다.

크릴은 생각하지 않는다. 그러므로 크릴은 존재하지 않는다.

나는 지금껏 존재하지 않는 것을 먹고 살았다.

그러니 내가 지금 죽도록 배가 고픈 것은 당연하다.

우리는 항상 연역적 추론과 귀납적 추론을 한다. 따라서 이 두 사고방식을 가지고 노는 법을 배우고 각각의 한계를 이해하면 인생에 도움이 된다.

우리가 흔히 수학을 어렵게 느끼기 시작하는 시기는 수학 문제가 귀납적 사고에서 멀어지면서부터다. 사과 1개와 오렌지 1개가 있다면 과일은 모두 몇 개인가? 물론 2개다. '1+1=2'라는 일반적인 원칙이 적용되기 때문이다. 귀납적 사고다. 하지만 곧바로 답이 드러나지 않는 문제를 풀 때는 연역적 사고가 필요하다. 예컨대 'x+3=6', 'x×9=27', 'x-3=0'과 같은 방정식에서 'x'를 구하는 문제는 다수의 사례에서 3이라는 답을 연역해야 한다.

사람들은 대개 불확실한 것보다 확실한 것을 선호하기 때문에 불확실한 것이 틀리더라도 그에 대한 생각을 더는 하지 않는다. 이에 비해 천재는 계속 생각하고 질문하고 궁금해한다. 그러면서 생각을 가지고 노는 것이 재미있고 답이 하나 이상일 때가 많다는 사실을 깨닫는다.

귀납적 사고를 하려면 상상력이 풍부해야 하며, 관찰한 내용이 다른 상황에 어떻게 적용되는지 생각하는 능력뿐 아니라 대상을 인식하는 능력도 필요하다. 연역적 사고를 하려면 관찰력과 기존의 생각을 조합해 검증이 가능한 또 다른 생각을 도출하는 능력이 필요하다.

아이의 효율적인 사고를 돕는 활동

2~4세

- 사물 간의 간단한 연관 관계를 포착하도록 도와라.
- 일출, 일몰, 날씨, 계절과 같은 기본적인 개념과 그것들이 변하는 방식, 동물들 간의 유사점과 차이점에 익숙해지게 해라.
- 처음에는 딸랑이 같은 물건을 하나만 가지고 놀게 하다가, 딸랑이와 북처럼 2개의 물건을 조합하면 어떻게 되는지 관찰하도록 유도해라.
- 언어는 사고를 구성하는 요소다. 비교와 대조에 관해 이야기를 나누고, 두 대상 간의 유사점과 차이점을 찾아 논해라.
- 알파벳 퍼즐 풀기, 간단한 조각 그림 맞추기, 모래 놀이, 진흙 파이 만들기

5~7세

- 하나의 주제를 정해 대화를 시작하고 그 주제를 다른 주제와 연결해라.

- 실수하는 것이 왜 중요한지 이야기해라.
- 아이와 함께 주간 목표를 세워라.
- 만물이 어떻게 변하는지 이야기해라. 구름의 모양이 바뀌고, 바닷물이 흐르는 방향이 바뀌고, 한 달을 주기로 달의 모양이 달라지고, 물이 얼음이 되거나 끓는 과정을 이야기해라.
- 아이가 흥미를 보이는 주제를 조사해라.
- 인터넷, 백과사전, 유튜브 동영상, TED 강연 등 기본적인 검색 도구를 활용하게 해라.
- 동화책을 읽고 다음과 같은 질문을 던져 내용을 분석하게 해라.
  - 이야기의 요점이나 교훈은 무엇인가?
  - 주인공은 누구인가?
  - 나쁜 사람이나 악당이 있다면 누구인가?
  - 어떤 부분이 제일 마음에 드는가?
  - 누가 제일 좋고, 누가 제일 싫은가? 그 이유는 무엇인가?
- 중력, 천문학, 속도, 시간, 자기장, 빛과 같은 기본적인 자연 현상을 탐구하게 해라.
- 틀린 그림 찾기
- 퍼즐 풀기와 퍼즐 책 읽기
- 점 잇기 놀이와 레고 블록 놀이
- 오렌지와 야구공으로 태양계 모형 만들기
- 자석과 거울 가지고 놀기

- 우주선 모형 만들기

8~11세

- 탐정처럼 추리하며 단서를 추적해라. 연역적 추론의 기초다.
- 사실적 정보를 토대로 사고를 확장해라. 둘 이상의 생각을 조합해 세상이 돌아가는 방식에 관한 이론을 구축하고, 그 이론을 검증해라. 귀납적 추론의 기초다.
- 에드워드 드 보노Edward de Bono의 '생각하는 모자'나 PMI[긍정적인 면(pluses), 부정적인 면(minuses), 흥미로운 면(interesting)] 같은 사고 기법을 사용할 수도 있다.
- 어떤 일이든 장점과 단점, 또는 찬성하는 입장과 반대하는 입장이 있다는 사실처럼 복잡한 개념을 자세히 논해라.
- 아이가 흥미를 느끼는 분야를 자세히 연구하고 조사하도록 도와라. 기본적인 질문을 하고, 정보에 입각한 추측을 하거나 가설을 세우고, 조사나 실험을 하고, 결론을 내리게 해라.
- 언어 유희를 다루는 코미디 쇼를 보여줘라.
- PICCA 기법을 가르쳐라(6장 참고).
- 기발한 아이디어와 위대한 사상가 조사하기
- 단서를 이용해 답 찾기
- 답을 이용해 일반적인 원칙 찾기
- 퍼즐 풀기

- 클루도 게임(가상 살인 사건의 범인, 흉기, 범행 장소 등을 추리하는 게임-옮긴이), 스무고개, 유명인 이름 맞히기 게임
- 천체투영관 관람
- 자연사박물관 관람
- 제스처 게임
- 탐정 소설 읽기

12~18세

- 연역적 추론과 귀납적 추론의 개념에 대해 토론해라. 이 용어가 낯설긴 할지라도 8~11세 단계에서 이미 두 가지 사고방식을 써봤을 것이다.
- 아이를 도와 마인드맵, 버블맵, 계획표를 이용해 개념을 시각화해라.
- 토론하는 법과 찬반양론을 비교하는 법을 가르쳐라.
- 처음의 상황이 끝까지 유지되지 않는, 반전이 있는 추리 소설과 공포 소설을 읽거나 그런 영화를 보게 해라.
- 확률을 주제로 토론해라. 주사위 굴리기로 확률 개념을 탐구하게 해라.
- 철학적인 논쟁과 토론은 10대 청소년의 사고를 확장하는 훌륭한 수단이다. 다음과 같이 논쟁거리가 되는 사안이나 질문을 찾아 아이와 함께 토론해라.
  - 다친 동물은 안락사시키면서 왜 사람은 그렇게 하면 안 되는가?
  - 고양이와 개는 먹지 않으면서 왜 소와 양은 먹는가?
  - 자동차에서 배출되는 탄소가 지구를 오염시키는데 왜 자동차를 금

지하면 안 되는가?

- 10대 아이들은 흔히 이상이 높다. 아이가 열정을 쏟는 분야를 찾아 조사하게 해라. 신문 편집자나 정치인에게 편지를 쓰게 해라. 어떻게 하면 생각이 세상을 바꾸는 행동으로 이어질 수 있을지 이야기해라.
- 아이디어 일기 쓰기
- 탐정 소설이나 스파이가 등장하는 책 읽기
- 온 가족이 모여 앉아 두뇌 퍼즐과 논리 퍼즐 풀기

6장

계획력:

스스로 계획하고 이행하는 능력을 키워주기

성공이 우리에게 오지 않으니, 우리가 성공을 향해 가야 한다.

– 마와 콜린스

월터 미셸Walter Mischel의 일명 마시멜로 실험에 대해 들은 적이 있을 것이다. 어린아이들에게 마시멜로를 지금 당장 1개 먹을지, 또는 연구원이 나가 있는 15분 동안 먹지 않고 기다렸다가 2개를 먹을지 선택하게 한 그 실험은 심리학의 역사에 한 획을 그었다.[1] 이 실험에서 바로 먹을 수 있는 첫 번째 마시멜로의 유혹을 물리친 아이는 30%에 불과했다.

마시멜로를 곧바로 먹지 않고 참는다는 것은 자기 통제력을 갖추고 있음을 보여준다. 이처럼 제일 먼저 떠오르는 생각을 바로 행동으로 옮기지 않는 능력은 인생의 성공을 예측하는 강력한 변수인 것으로 드러났다. 처음에 제공된 마시멜로 1개의 유혹을 뿌리치고 2개의 마시멜로를 받기 위해 기다린 아이들은 30년 뒤 학교와 직장에서 성공할 가능성이 더 컸고,

더 건강했으며, 더 나은 선택을 했고, 인간관계를 더 잘 유지했다.

데이비드 퍼거슨David Fergusson은 뉴질랜드의 크라이스트처치에 사는 아이들 1,200명을 30세가 될 때까지 추적 연구한 결과, 즉각적인 충동을 제어할 줄 아는 아이는 자라서 자기 역할에 충실할 확률이 높았고 범죄에 연루될 확률은 낮다는 결론을 얻었다.[2]

아이의 행복은 상당 부분 긍정적인 계획을 세운 다음 결정을 내리고 그 결정을 끝까지 이행하는 능력에 달려 있다. 그러니 “이걸 한 다음에는 무엇을 해야 할까?”라고 스스로 묻는 법을 가르쳐라. 계획하는 능력은 앨버트가 렉스를 이길 때 발휘된다. 렉스는 제일 먼저 떠오르는 일을 후딱 해버리고 얼른 편안한 상태로 돌아가고 싶어 한다. 반면 앨버트는 계획을 세우고, 특정한 행동의 결과뿐 아니라 보상도 심사숙고한다.

마시멜로 실험의 결과를 다른 상황에도 적용할 수 있다. 이를테면, 컴퓨터 게임의 유혹을 물리칠 줄 아는 아이는 앞으로 인생에서 성공할 확률이 아주 높다.

천재는 어려운 일을 제일 먼저 한다. 빈둥거리며 게으름을 피우면 정말 중요한 일을 하지 못하게 되리라는 것을 알기 때문이다. 그러나 충동 제어 장치를 처음부터 장착하고 태어나는 아이는 거의 없다. 대다수의 아이는 어슬렁거리며 변덕스럽게 욕구를 드러내는 사나운 렉스에게 조종당한다. 게다가 요즘 세상은 미친 듯이 즉각적인 만족감을 채우라고 부추긴다. 무엇이든 지금 당장 해야만 한다는 분위기에 휩쓸려 많은 사람이 FONKfear of not knowing(무지의 공포)와 FOMOfear of missing out(고립의 공포)에 시달리고 있다. 이 때문에 아이들에겐 정보는 차고 넘치지만 지혜는 부족하다. 소셜 미디어와 컴퓨터에서 비롯된 자극에 항상 노출돼 있어 성찰하고 생각하고 계획할 여유가 없다. 충동적인 렉스의 즉각적인 만족이 중요시되는 세상에서 내면의 잠재력을 끌어내려면 만족을 지연하고 앨버트에게 계획을 세울 기회를 줘야 한다.

설명은 이만하면 충분하다. 이제 실제로 계획을 세워보자. 우선 다음의 미로를 통과해보라.

뇌 버블맵

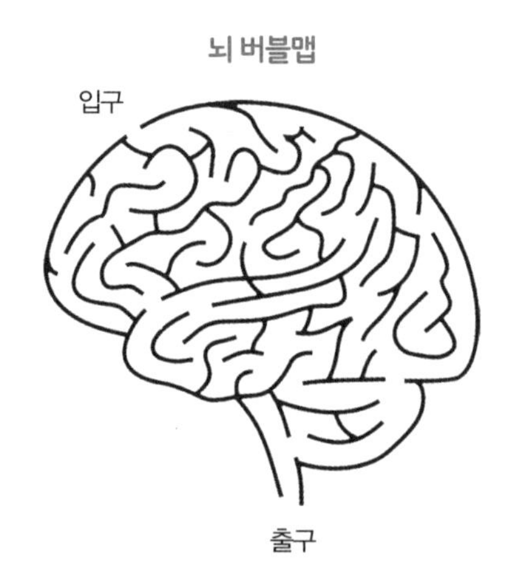

어떻게 풀었는가? 아마 본격적으로 답을 그리기 전에 미리 훑어보며 선택 가능한 길을 탐색했을 것이다. 이런 문제를 풀 때는 숙고하고 재고하는 과정, 즉 행동을 취하거나 취하지 않는 과정을 거쳐야 한다. 실력 있는 테니스 선수나 야구 선수들이 공을 칠 때와 치면 안 될 때를 알듯, 우리도 숙고하고 재고하는 법을 배워야 한다.

계획을 시각화하는 법을 가르쳐라

차트나 포스트잇, 화이트보드가 유용하지만, 그냥 흙바닥에 막대기를 가지고 계획의 길을 그려도 된다. 여기서는 포스트잇을 활용하는 법을 살펴보겠다. 포스트잇 한 장에 원하는 결과를 적거나 그리게 해라. 그런 다음 그 결과를 얻기 위해 거쳐야 할 세부적인 단계들을 서로 다른 포스트잇에 하나씩 적게 해라. 여러 가지 색깔의 포스트잇을 쓰면 더 좋다.

포스트잇을 이리저리 움직여 논리적으로 보이는 순서를 찾아 배열해라. 이는 목표 지점에 이르는 길을 만드는 것과 비슷하다.

계획의 길

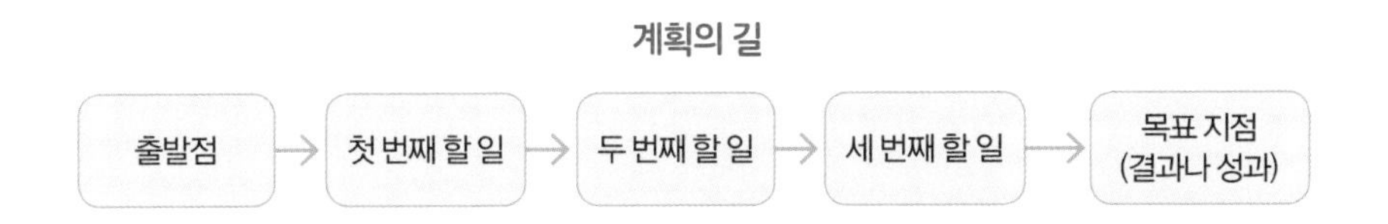

다음과 같이 유도하는 질문을 던져라.

- 최종적으로 어떤 결과를 원하는가?
- 왜 그런 결과를 원하는가? (직접 자신의 생각을 설명하게 하면 아이가 정말로 그 결과를 원하는지, 그렇지 않은지 명확해진다.)
- 그 결과에 가까워지기 위해 제일 먼저 할 수 있는 일은 무엇이라고 생각하는가? (어린아이들은 앞 단계들은 건너뛰고 결과 직전

의 단계만 말할 수도 있다. 그럴 때는 다음과 같이 말해 그 이전의 단계를 알아내도록 도와라. "좋은 생각이구나. 그럼 출발점에서 그 단계로 가려면 어떤 일이 일어나야 할까?")

- 그다음에는 무슨 일이 일어날까?
- 그다음에는 무엇을 해야 할까?

생각할 시간을 충분히 줘라. 응원은 하되, 돕고 싶은 마음에 성급하게 끼어들어 제안을 하지는 마라. 같은 목표 지점에 이르는 방법이 두 가지일 때도 있다. 그럴 때는 계획의 길을 2개 만들게 해라. 복잡하거나 중요한 계획일 때는, 눈에 잘 띄는 곳에 붙여놓고 며칠에 걸쳐 여러 차례 들여다보게 하는 것이 좋다. 거듭 보며 숙고하면 이전에는 생각지도 못했던 연관성이 보이고 발상 방안이 떠오를 것이다.

상당히 단순해 보이지만, 아이에게 계획의 길을 가르치는 것은 평생 남을 기술이자 장점을 선물하는 것이다. 답을 적기 전에 답의 개요를 짜는 법을 알면 시험을 볼 때 굉장히 유리하다. 아이가 자라서 새로운 땅을 발견하든, 희곡을 쓰거나 협주곡을 작곡하든, 새로운 화학 원소를 분리하든, 난치병을 고치든, 대성당의 천장에 그림을 그리거나 격조 높은 태피스트리를 짜든 계획하는 능력은 꼭 필요하다.

도표와 지도

지금까지는 목표를 이루기 위해 취해야 하는 행동을 계획하는 법을 살펴봤다. 아이가 다음으로 알아야 할 것은 행동뿐 아니라 생각을 계획하는 법이다. 또한 생각을 분류하고 연결하는 법을 비롯하여 확실하게 아는 것과 확신이 없는 것, 모르는 것을 구분하는 법을 알면 학습 진도를 짤 때 유용하다. 계획표, 색깔을 이용한 도표, 에세이의 개요 작성표 모두 계획을 세울 때 도움이 된다.

아이에게 생각을 계획하는 법을 시각적으로 가르칠 때 생각을 도표로 정리하게 하는 것이 무척 유용하다. 예를 들어, 산책을 하다 깃털을 주웠다면 그 깃털을 큰 종이의 한가운데에 붙이고 '깃털'이라고 적게 해라. 그리고 그 주변에 깃털이 있는 동물을 그리게 해라. 그런 다음 그 종이를 잘 보이는 곳에 걸어두고 사실, 노래, 실물 등 관련된 정보를 찾을 때마다 추가하게 해라. 이렇게 생각을 연결하면 사고가 매우 체계적으로 정리되고, 계획하고 관찰하는 능력이 높아진다.

도표는 아이가 가진 지식의 윤곽을 드러낼 때도 사용할 수 있다. 다음처럼 지식의 지형도를 그리게 해라.

지식의 지형도

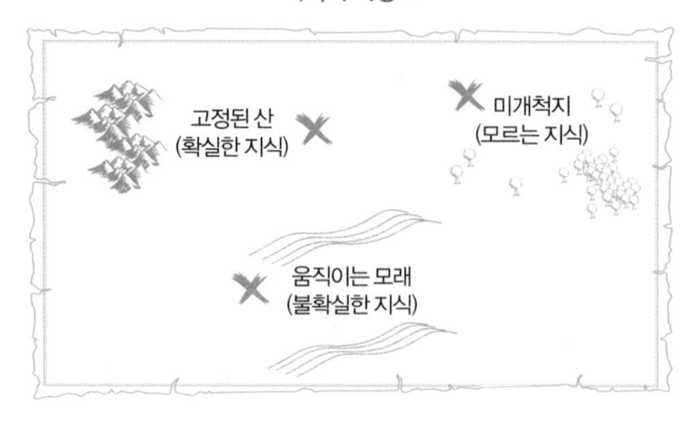

특정 주제에 관한 지식을 분류해 각각의 지역에 배치하게 해라. 사실이라고 확신하는 지식은 '고정된 산'에, 불확실한 지식은 '움직이는 모래'에, 모르는 지식은 '미개척지'에 표시하게 해라. 확실한 지식을 파악하는 것도 좋지만, 중요한 발견은 지식의 미개척지를 찾아 탐험할 때 이뤄진다는 점을 알려줘라.

지식의 지형도로 우주에 관한 정보를 분류해보자.

고정된 산 (확실한 지식)	움직이는 모래 (불확실한 지식)	미개척지 (모르는 지식)
행성	양자 물리학	암흑 물질과 암흑 에너지
소행성	우주의 가속 팽창	우주는 하나일까, 여러 개일까?
중력	우주의 모양	중력은 항상 똑같을까?
은하수	은하수가 생긴 이유	은하수는 얼마나 클까?

계획하는 법을 연습하는 게임과 활동

계획하는 법을 연습하기에 좋은 컴퓨터 프로그램이 몇 개 있다. '인스퍼레이션Inspiration'과 '키즈퍼레이션Kidspiration'은 생각이나 단계의 개요를 짜고 연결할 때 도움이 된다. 그리고 '코그메드Cogmed'는 효과적인 작업 기억 훈련 프로그램이다. 그리고 다음의 활동들도 계획하고 충동을 제어하고 대안을 생각하는 능력을 키우는 데 도움이 된다.[3]

- 기초체력 향상 운동, 달리기, 줄넘기, 농구
- 악기 연주
- 자기 통제력을 키우고 인격 수양을 강조하는 전통 무술 수련
- 스카우트, 컵스카우트(어린이 스카우트-옮긴이), 걸가이드, 브라우니단(어린이 걸가이드-옮긴이) 등 청소년 단체 활동
- 오리엔티어링과 지도 제작
- 즉흥 연기 시합
- 마음챙김 훈련
- 미로 찾기와 체스, 백가몬, 도미노, 체커, 스냅, 모노폴리, 배틀십, 리스크 등의 게임

결과를 숙고하는 법을 가르쳐라

천재는 다른 사람은 보지 못하는 사물 간의 관계를 포착한다. 아이의 잠재력을 끌어내려면, 행동은 어떤 식으로든 결과를 낳고 미래에 영향을 미친다는 사실을 반드시 깨우쳐주어야 한다.

천재는 지나치게 형이상학적인 척하려는 의도 없이도 만인과 만물은 연결돼 있다는 사실을 이해한다. 천재가 창의적으로 혁신을 일굴 수 있는 이유 중 일부는 서로 다른 대상 사이의 새롭고 흥미로운 연관성을 찾는 능력 덕분이다. 아이에게서 이런 능력을 끌어내려면 다음과 같은 질문을 던져 서로 다른 대상 사이의 유사점을 찾게 해라.

- 펭귄과 돌고래는 무엇이 비슷한가?
- 사람의 발은 지레lever와 무엇이 비슷한가?
- 단어 'mouse(쥐)'와 'mountain(산)'은 무엇이 비슷한가?
- 현대와 르네상스 시대는 무엇이 비슷한가?
- 철도망과 수도망은 무엇이 비슷한가?

마우스트랩 같은 보드게임이나 〈잭이 지은 집This is the house that Jack built〉(작자 미상 전래 동화) 같은 이야기를 활용하면 만물이 서로 어떻게 연결돼 있는지를 재미있는 방식으로 강조할 수 있다.

잭이 지은 집

이것은 잭이 지은 집이에요.

이것은 잭이 지은 집에 있는 엿기름이에요.

이것은 잭이 지은 집에 있는
엿기름을 먹은 쥐예요.

이것은 잭이 지은 집에 있는
엿기름을 먹은 쥐를 죽인 고양이에요.

이것은 잭이 지은 집에 있는
엿기름을 먹은 쥐를 죽인
고양이를 괴롭히는 개예요.

이것은 잭이 지은 집에 있는
엿기름을 먹은 쥐를 죽인
고양이를 괴롭히는 개를 던진
한쪽 뿔이 뒤틀린 젖소예요.

이것은 잭이 지은 집에 있는
엿기름을 먹은 쥐를 죽인
고양이를 괴롭히는 개를 던진
한쪽 뿔이 뒤틀린 젖소에게서 우유를 짠

쓸쓸해 보이는 아가씨예요.

이것은 잭이 지은 집에 있는

엿기름을 먹은 쥐를 죽인

고양이를 괴롭히는 개를 던진

한쪽 뿔이 뒤틀린 젖소에게서 우유를 짠

쓸쓸해 보이는 아가씨에게 입맞춤한

누덕누덕 누더기를 입은 남자예요.

이것은 잭이 지은 집에 있는

엿기름을 먹은 쥐를 죽인

고양이를 괴롭히는 개를 던진

한쪽 뿔이 뒤틀린 젖소에게서 우유를 짠

쓸쓸해 보이는 아가씨에게 입맞춤한

누덕누덕 누더기를 입은 남자를 위해 주례를 선

수염과 머리를 말끔히 깎은 신부님이에요.

이것은 잭이 지은 집에 있는

엿기름을 먹은 쥐를 죽인

고양이를 괴롭히는 개를 던진

한쪽 뿔이 뒤틀린 젖소에게서 우유를 짠

쓸쓸해 보이는 아가씨에게 입맞춤한

누덕누덕 누더기를 입은 남자를 위해 주례를 선
수염과 머리를 말끔히 깎은 신부님을
아침에 꼬끼오 울어 깨운 수탉이에요.
이것은 잭이 지은 집에 있는
엿기름을 먹은 쥐를 죽인
고양이를 괴롭히는 개를 던진
한쪽 뿔이 뒤틀린 젖소에게서우유를 짠
쓸쓸해 보이는 아가씨에게 입맞춤한
누덕누덕 누더기를 입은 남자를 위해 주례를 선
수염과 머리를 말끔히 깎은 신부님을
아침에 꼬끼오 울어 깨운 수탉을 기르고
옥수수를 심는 농부예요.

결과와 인과관계가 항상 확실하게 드러나는 것은 아니라는 사실도 깨닫게 해라. 다음은 이 사실을 보여주는 유명한 이야기다.

메이비스가 말했다. "로이! 데이브가 말이야. 평소 바라던 대로 농약 살포 비행기를 조종하게 됐다는 소식 들었나?"

"아니, 못 들었어. 그거 좋은 일이군."

"아니야, 로이. 그건 나쁜 일이었어. 공중에서 비행기 엔진에 불이 붙어 뛰어내려야 했거든."

"저런, 나쁜 일이었군!" 로이가 말했다.

"아니야, 로이. 나쁘지 않았어. 낙하산을 메고 있었거든."

"그건 좋은 일이네."

"아니야, 로이. 나쁜 일이었어." 메이비스가 말했다. "낙하산이 펼쳐지지 않았거든."

"저런! 그건 정말 나쁜 일이군." 로이가 말했다.

"아니야, 로이. 좋은 일이었어. 아래에 건초 더미가 있었거든."

"아, 메이비스. 그건 정말 좋은 일이네."

"어, 그게 말이야. 그것도 나쁜 일이었어. 떨어지면서 건초 더미 한가운데에 쇠스랑이 꽂혀 있는 걸 봤거든."

"저런, 메이비스. 정말 나쁜 일이었네."

"아니야, 로이. 좋은 일이었어. 쇠스랑에서 빗나갔거든."

"그럼 정말 좋은 일이네!"

"그렇지 않아, 로이. 건초 더미에서도 빗나갔거든."

만족을 지연하는 법을 가르쳐라

주방에서 풍기는 맛있는 냄새의 유혹을 참지 못하고 음식이 식기도 전에 몰래 맛을 보다 입을 덴 적이 있는가? 그렇다면 만족을 지연하는 능력이 왜 중요한지 알 것이다.

4장에서 집중하는 기술을 가르치는 법을 알아볼 때는 아이의 머릿속에 무엇이 입력되는지에 초점을 맞췄다. 그러나 계획하는 법을 가르칠 때는 아이의 머릿속에서 무엇이 출력되는지에 초점을 맞춰야 한다. 앞으로 할 행동을 선택하고 그 행동을 할 시기를 조절하는 능력은 잠재력의 발현을 결정하는 대단히 중요한 요소다.

머릿속에 제일 먼저 떠오르는 생각을 바로 행동으로 옮기는 사람들은 정신이 산만하고 흔히 성취도가 매우 낮다. 일부 전문가는 경험상 타인을 신뢰하지 못하는 아이라면 곧바로 첫 번째 마시멜로를 먹는 것이 현명한 일이라며, 월터 미셸이 내린 마시멜로 실험의 결론을 반박했다. 이런 점에서, 처음에 제공된 마시멜로 1개의 유혹을 뿌리치고 2개의 마시멜로를 받기 위해 기다리는 능력은 자기 통제보다 신뢰의 문제에 더 가까울 수도 있다.

두 주장을 모두 고려해 가족 간에 신뢰를 쌓는 동시에 자녀를 만족을 지연할 줄 아이로 키우는 방법을 살펴보자.

약속은 끝까지 지켜라

무언가를 연기하고 기다리는 것이 보람 있는 행위라는 인식을 아이에게 심어주려면, 부모가 '나중에' 하겠다고 한 일은 나중에 정말 이뤄진다는 확신을 줘야 한다.

어린아이를 키우는 부모는 대부분 만족을 지연하는 법을 잘 가르친다. 옷을 갈아입힐 때 아이의 주의를 딴 데로 돌리거나, 놀이터에서 원하는 놀이기구를 다른 아이가 차지하고 있을 때 다른 놀이기구를 가지고 놀며 차례를 기다리게 하거나, 손위 형제가 나갈 준비를 할 때 어린 동생의 시선을 돌리는 것은 대다수 부모가 흔히 쓰는 방법들이다. 아이의 잠재력을 끌어내려면 아이에게 만족을 지연하는 방법을 가르치고 또 가르쳐야 한다.

자제력을 발휘하는 법을 가르쳐라

나의 좋은 친구이자 동료인 린 리틀필드Lyn Littlefield 교수는 이 방법을 '멈추고 생각하고 행동하기'라고 부른다. 지금 하고 있는 것을 멈추고, 할 수 있는 행동들을 따져보고, 선택한 행동을 실행하는 방법이다. 사이먼 가라사대, 빨간불 초록불, 대장 따라 하기 등의 게임도 이 기술을 연습할 수 있는 아주 효과적인 놀이다.

감정과 행동은 다르다는 사실도 가르쳐라. 어떤 아이들에게는 초콜릿을 먹고 싶다고 꼭 초콜릿을 먹어야 하는 것은 아니라는 사실이 매우 놀라울 것이다. 화가 나는 것은 괜찮지만 때리는 것은 괜찮지 않다는 사실도 마찬가지다.

그럼에도 '무조건 가질 거야' 증후군에 걸린 아이들은 말을 잘 듣지 않는다. 그런 아이에게는 경청하는 법을 가르쳐라. 아이와 눈높이를 맞추고 할 말을 확실하게 한 다음, 방금 한 말을 아이가 반복하게 해라.

어렵고 도전적인 일부터 하는 법을 가르쳐라

천재는 이 방법으로 자신의 능력을 개발하고 확장한다. 아이가 어려운 일부터 하게 하려면, 컴퓨터 게임을 하기 전에 과제를 끝내거나, 갖고 싶은 것을 그냥 받기보다 그것을 살 돈을 저축하거나, 목표에 이르는 단계를 하나씩 완수하도록 진도표를 만들게 해라. 계획 구매를 하게 하는 것도 효과적이다.

행사를 계획하게 해라

곧 있을 신나는 일에 관해 대화를 나눠라. 행사나 생일파티, 성탄절, 휴가 등을 계획하게 해라. 즐거운 일을 예측하고 계획하는 활동은 만족을 미루는 능력을 키우는 데 도움이 된다. 도자기 공예, 조각, 소묘, 채색, 모형 제작, 뜨개질, 옷감 짜기 같은 예술 활동도 마찬가지다.

아이가 어리지 않다면 옷을 살 돈을 주고 직접 예산을 짜게 하거나, 아이의 이름으로 계좌를 개설하고 일주일에 한 번씩 용돈을 입금해주는 것도 좋다. 용돈의 액수가 크지 않더라도 최소한의 잔고는 유지하게 해라.

물론 만족을 너무 오랫동안 지연할 필요는 없다. 에베레스트산에 오르는 꿈을 90세가 될 때까지 미루는 것은 좋은 생각이 아니다. 모든 사람이 준비가 완벽히 돼야 아이를 낳겠다고 한다면 세계 인구는 급격히 감소할 것이다. 그래서 필요한 것이 의사결정의 기술인데, 이는 7장에서 다룰 것이다.

아이에게 계획하는 법을 연습시키는 활동

2~4세

- 머릿속으로 계획하는 과정을 아이에게 들리게 말해라. "어디 보자. 우선 드라이클리닝 맡긴 옷부터 찾고 상추를 사야겠다."
- 약속을 지켜라. 어떤 일을 하겠다고 했으면 어떻게든 그 일을 하려고 노력해라. 부모와 아이의 신뢰 관계는 아이의 계획성을 키우는 데 필수적이다.

5~7세

- 미로와 도표를 활용해라.
- 음악과 언어의 기본적인 기술을 가르쳐라.
- 주제를 정해 조사해라. 어떤 자료를 어디에서 찾을지 심사숙고해라.
- 공 튀기기
- 줄넘기

- 여러 색깔의 물감 섞기
- 달력을 만들고 꾸미기
- 정원 가꾸기
- 외발 롤러스케이트 타기
- 기본적인 조리법 따라 하기
- 간단한 요리 하기
- 야유회 계획하기
- 연날리기
- 사이먼 가라사대, 빨간불 초록불 놀이

8~11세

- 어떤 일의 단계들을 포스트잇에 하나씩 적어 계획이 완성될 때까지 순서를 재배열하게 해라.
- 아이가 할 수 있는 사업을 탐색하게 해라.
- 다음을 권해라.
  - 어린이 육상단 활동
  - 어린이 축구단 활동
  - 브라우니단, 컵스카우트 활동
  - 즉흥 연기 시합
- 지도 만들기
- 여행 일정표 짜기

- 스위치 카드 게임 하기
- 다음을 권해라.
  - 도자기 공예
  - 조각
  - 채색
  - 춤
  - 소묘
  - 모형 제작
  - 뜨개질, 옷감 짜기

12~18세

- 가족 행사와 휴가, 식사 준비에 아이를 참여시켜라.
- 아이의 이름으로 계좌를 개설해 용돈을 관리하게 하고, 옷을 살 돈을 주고 예산을 짜게 해라.
- 다음의 활동을 권해라.
  - 요가와 마음챙김 훈련
  - 즉흥 연기 시합
  - 운동과 스포츠
  - 스케이트보드와 스키 타기, 파도타기, 터보건(썰매의 일종—옮긴이) 타기
  - 오리엔티어링

- 동굴 탐험
- 카약 타기
- 음악 연주
- 당구와 스누커(당구의 일종–옮긴이)
- 노래 재생 목록 짜기
- 로프 코스(높은 곳에 오르거나 밧줄을 타는 모험 활동–옮긴이)
- 급류 래프팅
- 스카우트, 가이드 활동
- 토론
- 태피스트리 만들기
- 패션 디자인
- 장신구 만들기
- 음악 편곡
- 즉흥극 짜기

7장

의사결정 기술:

아이가 현명한 선택을 하도록 도와주는 PICCA 생각법

《은하수를 여행하는 히치하이커를 위한 안내서》의 저자 더글러스 애덤스는 우리가 한 결정을 분석해 그렇게 결정한 이유를 말해주는 기계를 발명하고 싶다고 말했다.

행복은 상당 부분 우리가 내리는 결정과 관련이 있다. 어디서 살지, 누구와 시간을 보낼지, 무슨 일을 할지, 사람들에게 어떻게 말을 걸지, 누구와 친하게 지낼지, 그리고 자기 자신을 돌볼지 방치할지 등이 모두 우리가 내리는 결정에 달려 있다. 아이가 행복한 삶을 살길 바란다면 좋은 결정을 내리는 법을 가르쳐야 한다.

좋은 결정을 내리면 성공의 가능성이 커진다. 6장에서 언급했듯, 좋은 결정을 내리려면 제일 먼저 떠오르는 생각이 항상 최선의 것은 아니며 어떤 일을 하든 대체 가능한 방안들을 체계적으로 살펴야 한다는 사실을 알고 있어야 한다.

물론 간단한 결정도 있지만, 인생에 영향을 주는 일에서 그런 경우는 매우 드물다. 좋은 결정을 내리려면 대부분 각고의 노력과 오랜 시간을 투자해야 한다. 잠시 멈춰 특정한 사안에 생각을 집중하고, 선택할 수 있는 다양한 방법을 찾아 각각의 장단점을 따진 다음, 하나의 방법을 선택해야 한다. 그리고 무엇보다, 그 결정을 실행해야 한다.

좋은 결정을 내리는 기술은 혁신적인 기술이지만 아이가 제대로 습득하기까지는 시간이 걸린다. 이 시간을 견디지 못하는 대다수의 사람은 결국 한정된 범위의 선택지만을 보고 매번 똑같이 잘못된 결정을 내린다.

누구보다 빨리 결정을 내리라고 재촉하는 요즘 세상에서, 사실적 정보를 토대로 시간을 들여 깊이 생각한 뒤에 현명한 결정을 내리는 사람이 단연 돋보인다.

결정을 실행에 옮겨라

어떤 부모든 아이 대신 모든 결정을 해주면서 언젠가는 아이 스스로 좋은 결정을 내리길 기대하는 오류에 빠지기 쉽다. 하지만 아이에게 결정을 내리는 법을 한 번도 가르친 적이 없다면, 아이가 때때로 잘못된 결정을 내리는 것은 지극히 당연한 일 아닐까?

나아가 우리는 정말 좋은 결정을 내려놓고도 그 결정을 행동으로 옮기지 않는다. 이는 나쁜 결정을 하는 것만큼이나 잠재력을 끌어내는 데 방해가 될 수 있는데, 안타깝게도 흔히 보이는 현상이다.

결정을 행동으로 옮기지 않는 이유를 설명하기 전에, 유명한 사자 조련사 클라이드 비티Clyde Beatty를 만나보자.

사자 조련의 달인

1900년대 초반과 중반에 활동한 사자 조련사는 퇴직 연금을 많이 받는 직업이 아니었다. 대부분 젊은 나이에 끔찍한 최후를 맞았기 때문에 연금이 쌓일 겨를이 없었다. 바로 그때 클라이드 비티가 나타났다.

대다수의 사자 조련사가 결국엔 사자의 먹이가 되던 시절, 클라이드는 천수를 누렸을 뿐 아니라 영화에 출연하고 자신의 이름을 건 라디오 프로그램을 진행할 만큼 유명인의 삶을 살았다. 인간의 잠재력과 행동에 관해 글을 쓰는 작가인 제임스 클리어James Clear는 클라이드가 사자의 먹이가 되지 않았던 것은 아주 중요한 기술을 터득했기 때문이라고 주장한다.[1]

의자와 채찍

클라이드는 사자 우리에 의자와 채찍을 가지고 들어갔다. 다른 조련사들은 대부분 사자를 통제하기 위해 채찍을 썼지만, 클라이드는 의자라는 도구를 사용해 사자보다 우위를 차지했다. 의자의 다리 4개를 사자의 코앞에서 흔들면 사자는 어떤 다리부터 후려쳐야 할지 몰라 당황한다. 덤벼들려고 시도하기도 하지만 보통은 너무 혼란스러워 금방 포기한다. 만약 당신에게 사자 우리에 들어갈 일이 생기거든 근처에 다리 달린 의자가 있는지부터 살피기 바란다.

클라이드의 예는 의사결정 과정의 중요한 원리를 보여준다. 우리는 모두 사자와 비슷하다. 선택 가능한 방안이 너무 많으면 갈팡질팡하다 결국 하나도 실행하지 못한다. 우유부단이 무기력으로 이어지거나, 새로운 선택을 하길 포기하고 결국 예전의 방식으로 되돌아간다.

좋은 결정을 내리려면 여러 개의 선택을 하나로 줄이는 과정을 거쳐야 한다. 천재는 자신의 시간을 투자하기로 한 일에만 에너지를 집중한다. 결정을 명확하게 내림으로써 지력과 창의력을 특정한 분야에 전적으로 쏟는 것이다.

결정하는 법을 가르쳐라

결정은 인생의 교차로와 같다. 기본적으로 교차로에서 할 수 있는 행동은 다음과 같은 다섯 가지다.

인생의 교차로

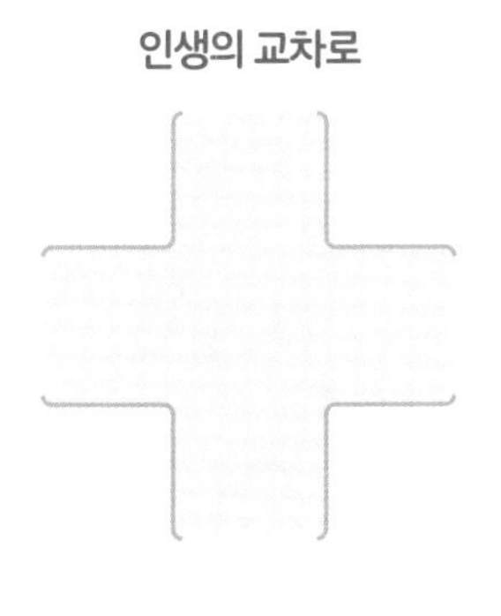

1_직진한다.

2_왼쪽 길로 간다.

3_오른쪽 길로 간다.

4_뒤로 돌아 왔던 길로 간다.

5_그 자리에 머문다.

(물론 땅굴을 파거나 그 자리에서 우주선을 만들어 우주로 날아갈 수도 있지만, 여기서는 단순한 행동만 고려했다.)

PICCA

어느 길로 갈지 정하려면 결정하는 과정을 거쳐야 한다. 결정할 때 거치는 다섯 단계의 앞글자를 딴 일명 'PICCA'를 이용하면 결정하는 법을 쉽게 기억할 수 있다.

1_문제(Problem)
2_원하는 것(I want)
3_가능한 선택(Choices)
4_비교(Compare)
5_실행(Act)

❶ 문제

제일 먼저 문제, 즉 내려야 하는 결정이 무엇인지 확실히 파악해야 한다. 일반적으로 문제가 있을 때 결정을 내릴 필요성이 생기기 때문이다. 문제를 파악해 진술하는 단계는 언뜻 보기에는 아주 간단할 것 같지만, 제대로 파악하려면 상당히 주의를 기울여야 한다. 예를 들어, 1975년 철도 시스템에 관한 보고서는 다음과 같은 결론을 내렸다.

> 철도 산업의 성장이 멈춘 이유는 철도를 이용하려는 승객과 화물의 수요가 줄어서가 아니다. 수요는 오히려 늘었다. 오늘날 철도 산업이 부진한 이유는 다른 수단(자동차와 트럭, 비행기는 물론 전화기까지도)이

그 수요를 대신 충족해서가 아니라, 철도 자체가 수요를 충족하지 못해서다. 철도가 다른 대체수단에 승객을 빼앗기는 것은 사업가들이 철도를 전체 운송 산업의 일부로 보지 않고 독자적인 사업으로 보기 때문이다.

문제를 다른 방식으로 표현해라. 예를 들어, 문제를 명확하게 파악하려면 다음과 같이 '왜'를 다섯 번 묻는 방법을 쓸 수 있다.

1_ 나는 이번 시험에서 낙제할까 봐 두렵다. 왜?
2_ 공부를 많이 하지 못해서다. 왜?
3_ 잠을 잘 자지 못해서다. 왜?
4_ 스트레스를 받아서다. 왜?
5_ 부모님을 실망시킬 것 같아서다. 왜?
피아노를 그만두고 싶어서다.

대부분 그렇듯 이 사례에서도 문제가 달라졌다. 문제는 원래 잘 변한다. 겉으로 드러난 문제 이면에 진짜 문제가 숨어 있을 때가 많다. 위의 사례에서 진짜 문제는 피아노를 그만두고 싶지만 부모를 실망시키기 싫다는 마음이다.

일단 아이가 자신의 문제를 파악했다면 다음 단계로 넘어가라.

❷ 원하는 것

이 단계는 목표라고도 부르지만, 쉽게 말해서 아이가 원하는 바가 무엇인지 알아내는 것이다. 자신이 원하는 것을 구체적으로 밝히는 사람은 굉장히 드물다. 또는 명시하더라도 내용이 너무 모호해, 이후의 목표 달성 여부를 본인조차 모르는 경우가 많다. 원하는 것을 확실히 규정하면 그 목표에 목적성이 부여된다. "나는 이번 여름에 탈 빨간 자전거를 갖고 싶다"라거나 "나는 이언 플레밍Ian Fleming(《제임스 본드》 시리즈의 작가)처럼 자메이카에서 호화로운 삶을 살고 싶다"라는 식으로 원하는 것을 적게 해라.

아이가 원하는 것을 명시하도록 도우려면 부모부터 그런 능력을 키우는 것이 좋다. 상대에게 하고 싶은 일이 뭐냐고 묻기보다 초대나 제안을 하는 것도 한 가지 방법이다. 예를 들어 친구에게 "우리 한번 만나자. 뭐 하고 싶어?"라고 하지 말고, "보고 싶은 영화가 개봉했던데 같이 볼래?"라고 말해라.

❸ 가능한 선택

원하는 것을 얻기 위해 취할 수 있는 방법을 최소한으로 줄여라. 아이가 어려워하면 부모가 함께 자유롭게 토론하며 방법을 찾아라.

이 과정에 충분한 시간을 들여라. 가능한 방법들을 비교하는 다음 단계로 넘어가기 전에, 방법을 모두 적은 목록을 세 번 검토하며 새롭게 떠오르는 방법을 추가하는 것이 가장 효과적이다. 아이들은 흔히 앉아 있을 때보다 서 있을 때 아이디어를 더 잘 떠올린다. 책상보다는 방바닥에 목록을 내려놓고 그 주변을 걸어 다니며 검토하게 해라.

시간을 들여 문제를 곱씹고 숙고하면 종종 생각지도 못했던 방법이 떠오른다. 최선의 결정이 내려지기까지 시간이 걸리는 이유가 그 때문이다.

❹ 비교

아이와 함께 방법을 적은 목록을 살펴보며 아이의 마음에 쏙 드는 방법과 성공할 가능성이 제일 큰 방법, 가능성이 거의 없는 방법에 주목해라. 가능성이 희박한 방법이 하나도 없다면 시간을 더 들여 다시 목록을 짜게 해라. 지나치게 실현 가능하고 현실적인 방법만 적혀 있다면 아이가 너무 안전한 방법만 찾았을 가능성이 크다.

어려운 결정에는 보통 하나를 얻으면 하나를 잃는 상황이 따르므로, 과정이 그렇게 간단하지 않다. 그래서 183쪽과 186~7쪽의 표처럼 비교표를 그리는 것이 좋다.

❺ 실행

마지막으로, 클라이드 비티가 그랬듯 여러 개의 방법 중 하나를 선택하여 실행에 옮기게 해라. 그러려면 해야 하는 행동을 구체적으로 명시하고, 목표를 달성하기 위한 일정표를 짜는 것이 좋다.

아이가 PICCA를 적용한 사례

엠마는 이번 학기에 방과후 활동을 하고 싶다. 관심이 있는 활동은 걸가이드 활동과 피아노 교습, 체조 수업이다. 걸가이드 단원들은 매주 목요일 저녁에 모인다.

피아노 교습 시간은 부모님이 늦게 퇴근하는 월요일과 화요일을 제외하고는 아무 때나 잡을 수 있지만, 수요일 저녁에는 남동생인 카일이 시내 반대편에 있는 가라테 도장에 수련을 받으러 가야 해서 부모님이 엠마를 피아노 교습소에 데려다줄 수 없다. 체조 수업은 걸가이드 단원들이 모이는 목요일 저녁, 그리고 토요일에 있다. 금요일 저녁에는 집에서 가족끼리 시간을 보낸다.

❶ 문제

피아노를 배울지, 걸가이드에 입단할지, 체조를 배울지 결정하는 것

❷ 원하는 것

엠마는 자신이 '원하는 것'을 목록으로 만들었다.

- 새로운 친구를 만나고 싶다.
- 재미있게 놀고 싶다.
- 악기를 배우고 싶다.

❸ 가능한 선택

- 체조와 걸가이드 중 하나를 선택할 수 있지만 둘 다 선택할 수는 없다.

- 월요일, 화요일, 수요일에는 피아노 학원에 데려다 달라고 할아버지에게 부탁할 수 있다.
- 학교에서 다른 과목을 배우고 피아노는 나중에 배울 수 있다.
- 방과후 활동을 하지 않을 수 있다.

❹ 비교

가능한 선택을 비교하기 위해 엠마와 엠마의 부모는 비교표를 그렸다.

방과후 활동 / 원하는 것	피아노	체조	걸가이드
새 친구 사귀기	불가능	가능	가능
재미있게 놀기	가능	가능	가능
악기 배우기	가능	불가능	불가능

이 표로는 무엇이 최선인지 확실히 와닿지 않아 엠마는 각각의 활동에 별의 개수로 순위를 매기기로 했다. 가능성이 제일 크면 별 3개, 중간이면 2개, 제일 낮으면 1개를 줬다.

방과후 활동 / 원하는 것	피아노	체조	걸가이드
새 친구 사귀기	*	**	***
재미있게 놀기	***	**	*
악기 배우기	***	*	**
합계	7개	5개	6개

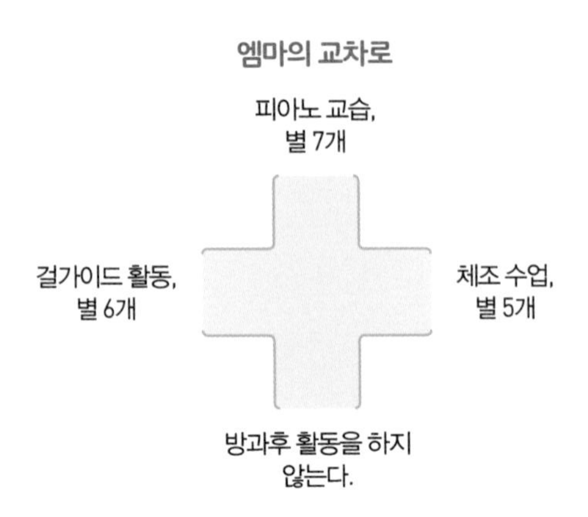

거의 비슷했다. 엠마는 시간을 두고 생각하기로 했다. 피아노도 정말 배우고 싶지만 엠마는 새 친구를 사귀고 싶은 마음이 제일 컸다. 얼마 뒤 엠마는 학교에서 기타 수업을 들어도 괜찮을 것 같다는 결론을 내렸다. 기타 교습을 받고 걸가이드 활동을 하면 새 친구도 사귀고 동시에 악기도 배울 수 있기 때문이다.

❺ 실행

엠마는 목요일 저녁에 걸가이드 모임에 참석하기로 했다.

이상은 엠마 혼자 처음부터 끝까지 해내기에는 상당히 복잡한 과정으로 여겨진다. 하지만 부모가 모든 결정을 대신 내려주면 엠마는 여러 방법의 장단점을 따져 가장 좋은 방법을 스스로 선택하는 법을 배울 수 없었을 것이다.

부모가 PICCA를 적용한 사례

조지와 주디는 어린 아들 엘로이가 다닐 학교를 선택해야 한다.

❶ 문제

조지와 주디는 집과 멀지 않으면서 양질의 교육을 제공하는 학교를 택하고 싶다.

❷ 원하는 것

우선 조지와 주디는 엘로이가 다닐 학교에 바라는 점을 모두 적었다.

- 기초 지식 습득
- 즐거운 학교생활
- 창의성 개발
- 자제력 향상
- 공부 습관 형성
- 협동 정신 함양
- 신체 활동
- 지적인 도전
- 배움을 향한 열정
- 미술 교육
- 진로 교육
- 오래 지속될 교우관계

- ❶ 기본적인 가치관 확립
- ❶ 통학하기 쉬운 거리

❸ 가능한 선택

엘로이가 다닐 수 있는 학교는 네 곳, 즉 스미싱턴 그래머 스쿨, 화이트사이드 공립학교, 이스트사이드 학교, 어드벤처 스쿨이다.

❹ 비교

조지와 주디는 다음의 표처럼 각각의 학교에 별의 개수로 순위를 매겼다. 5개가 최상이고 1개가 최악이다.

가능한 학교 원하는 것	스미싱턴 그래머 스쿨	화이트사이드 공립학교	이스트사이드 학교	어드벤처 스쿨
기초 지식 학습	*****	*****	***	*****
즐거운 학교생활	***	***	***	*****
창의성 개발	**	***	*****	*****
자제력 향상	*****	******	**	***
공부 습관 형성	****	***	*	****
협동 정신 함양	*	****	***	*****
신체 활동	***	**	****	*****
지적인 도전	*****	*****	**	***
배움을 향한 열정	**	***	**	*****
미술 교육	***	***	*****	****
진로 교육	*****	****	**	*****

오래 지속될 교우관계	알 수 없음	알 수 없음	알 수 없음	알 수 없음
기본적인 가치관 확립	*****	*****	***	*****
통학하기 쉬운 거리	**	***	*****	**
합계	45개	48개	41개	56개

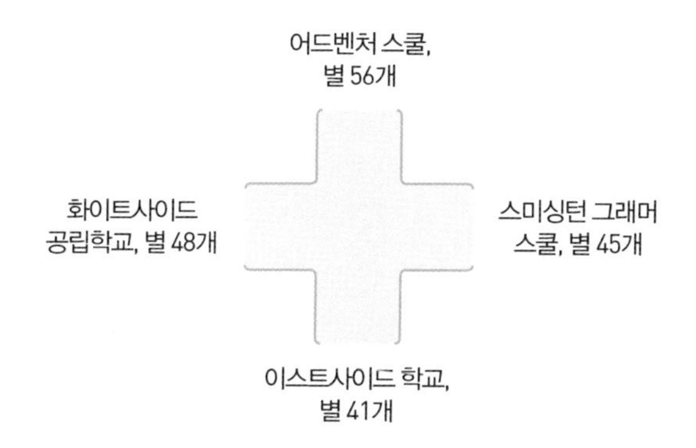

조지와 주디는 두 사람이 바라는 기준에 가장 많이 부합하는 학교는 어드벤처 스쿨이라는 결론을 내렸다.

❺ 실행

집에서 꽤 멀리 떨어진 곳이긴 하나, 조지와 주디는 엘로이를 어드벤처 스쿨에 입학시키기로 했다.

훨씬 더 복잡한 의사결정 모델이 많은데도 PICCA를 추천하는 이유는 대다수의 아이가 겪는 문제 상황을 해결하기에 충분하고, 부모가 아이와 함께 따르기 쉬워서다. 물론 어느 방향으로 갈지 결정을 내린 뒤에는 그 결정대로 행동하려는 의욕과 그 행동을 지속하는 끈기가 중요하다.

아이에게 결정할 기회를 주는 활동

2~4세

- 이 시기의 아이에게 안정감을 주려면 중요한 결정은 부모가 내린다는 사실을 상기시켜야 한다. 어떤 결정을 내렸는지 이야기하고, 결정을 내리는 과정을 아이에게 들리게 말하고, 가끔은 생각을 바꿔 결정을 재고하는 모습을 본보기로 보여줘라.
- 식단을 정할 때 몇 가지 메뉴는 아이의 의견을 물어라.
- (가끔은) 아이가 선택하게 해라.
- 애완동물 돌보기
- 정원 가꾸기
- 간단한 체조 배우기

5~7세

- 식탁 차리기

- 간단한 요리 하기
- 채소 길러 먹기
- 역사적 인물 연기하기
- 다음을 시켜라.
  - 하키
  - 축구
  - 보드게임 마우스트랩
  - 1인용 카드 게임 솔리테르
  - 어린이용 스크래블(철자가 적힌 조각으로 단어를 만드는 보드게임-옮긴이)
  - 다이아몬드 게임
  - 체스
- 파자마 파티 계획하기

8~11세

- 아이와 함께 PICCA를 활용하는 연습을 시작할 수 있는 중요한 시기다. PICCA를 활용하여 결정을 내리고 신중하게 계획을 짜는 모습을 아이에게 보여줘라.
- 아이의 삶에서 문제 상황이 생기면 계획하고 결정하는 법을 가르칠 기회로 삼아라. 아이가 문제를 해결하는 과정을 인내심을 갖고 지켜봐라. 아이가 제일 먼저 떠오르는 해결책을 서둘러 택하기보다 체계적으로 결정을 내리기까지는 시간이 걸릴 수 있다.

- 나만의 모험 책 만들기
- 배 몰기
- 우노 게임 하기
- 어린이용 전자 조립 세트로 기계 장치 만들기
- 산악자전거와 카누 타보기

12~18세

- 이 시기의 아이들 중 일부는 모든 결정을 직접 내리고 싶어 한다. 부모가 자신에게 돈을 얼마나 써야 하는지, 몇 시에 잠자리에 들어야 하는지, 용돈은 얼마나 받아야 하는지 등을 스스로 결정하려 한다.
- 이 시기에는 아이와 관련된 문제를 결정하고 협상하는 과정이 늘 순조롭지만은 않다. PICCA의 단계를 따르면 최소한 신중하게 결정하는 방법을 몸소 보여줄 수 있다. 아이와 함께 중대한 사안을 해결할 방법들을 비교 분석할 때는 부모의 결정이 우선시되게 해라. 가끔은 아이가 부모를 설득했다는 기분을 느끼게 해도 좋지만, 대부분은 부모가 주도권을 쥐어야 한다.
- 토론에 참여시켜라.
- 연기 및 연극 수업
- 태권도 수련
- 래프팅, 비포장도로용 오토바이 타기, 스케이트보드장에서 보드 타기
- 롤플레잉 보드게임 던전 앤 드래곤

8장

그릿:

의욕과 끈기로 끝까지 해내는 힘을 키우는 법

실패는 더 현명하게 다시 시작할 기회다.

– 헨리 포드

다른 사람들은 모두 포기할 때 천재는 계속 시도한다. 성공의 네 가지 법칙은 다음과 같다.

1_한 번도 시도하지 않은 일에 성공할 수는 없다.
2_성공할 때까지 계속 부족한 점을 보완할 각오가 돼 있지 않으면 성공할 수 없다.
3_무언가를 시도하기가 꺼려진다면 1번 법칙을 기억해라.
4_무언가를 포기하고 싶어지면 2번 법칙을 기억해라.

너무나 간단하지 않은가? 그런데도 놀랍도록 많은 사람이 좀처럼 손에 잡히지 않는, 의욕이라는 동력원을 평생에 걸쳐 찾아 헤맨다. 이 잡히지 않는 의욕을 간신히 손에 넣은 사람은 아름답게 지저귀는 새처럼 쾌활하게 아침 인사를 하며 그날 할 일에 열정적으로 뛰어든다. 그야말로 잔뜩 부풀어 오른 인간 회오리가 되어 주위 사람들을 어리둥절하게 만든다. 그리고 그 동력을 자녀들에게도 전한다. 다만, 아이에게 필요한 건 의욕뿐만이 아님을 기억해야 한다.

천재가 될 잠재력은 아이의 내면에 이미 존재한다. 이번 장에서는 아이가 그 잠재력을 끌어낼 의욕과 추진력을 얻도록 도울 방법을 알아볼 것이다.

학교와 직장에서의 성공을 예측하는 가장 큰 변수는 무엇이라고 생각하는가?

IQ? 아니다.

운? 아니다.

재능? 아니다.

지연? 아니다.

학연? 아니다.

앞날의 성공을 좌우하는 가장 강력한 변수는 바로 끈기다.[1] 특히 자제력은 학업 성취도와 성적을 좌우하는 더 큰 변수다.

컴퓨터 게임 기획의 교훈을 배워라

나는 이렇게 말하는 아이를 한 번도 만난 적이 없다. “나는 ‘콜 오브 듀티’(또는 ‘월드 오브 워크래프트’ 등 아이가 좋아하는 컴퓨터 게임)의 다음 단계로 가고 싶은 의욕이 없어요.”

컴퓨터 게임 기획자들은 아이의 아이의 관심을 사로잡고, 의욕을 높이고, 유지하는 방법을 잘 안다.[2] 부모들은 아마 ‘퐁’이나 ‘스페이스 인베이더’, ‘프로거’ 같은 1세대 컴퓨터 게임을 알 것이다. 1세대 게임은 보통 게임 참가자가 컴퓨터에 지면 다시 시작해야 하는 구조로 설계됐다. 문제는 남자아이들은 세 번쯤까지만 도전한다는 데 있었다. 세 번 연속으로 지거나 다시 시작해야 하면 “하나도 재미없네”라며 포기하는 게 대부분이었다.

당연하게도, 이는 컴퓨터 게임 기획자들에게 결코 좋은 소식이 아니었다. 그래서 제작자들은 게임을 수정하기 시작했다. 가장 최근에 나온 컴퓨터 게임은 여러 단계로 나뉘어 있다. 게임을 할수록 점수와 기술, 도구, 무기를 획득할 수 있으며 대부분 참가자가 통신망으로 연결돼 서로 소통할 수 있다.

게임 기획자들이 깨달은 교훈은 행동심리학의 대가인 B. F. 스키너B. F. Skinner의 이론에서 비롯됐다. 상대가 어떤 일을 계속하게 하려면 조금만 노력해도 성공할 수 있다는 확신을 주고, 보상을 주되 매번 주지는 말아야 한다는 이론이다.[3]

그렇다면 스키너와 월드 오브 워크래프트 기획자의 기발한 비책을 자녀 교육에 어떻게 적용할 수 있을까? 지금부터 컴퓨터 게임이 주는 일반 적인 교훈을 살펴본 다음 그 교훈들을 아이의 잠재력을 끌어내는 코칭법과 연결해보겠다.

{교훈 1}… 적어도 세 번째 시도에서는 성공을 맛보게 한다

아이들은 어떤 일을 세 번 연속 실패하면 의욕이 떨어져 포기하는 경우가 많다. 그러니 무슨 일을 하든 적어도 세 번째 시도에서는 최소한 나아졌다는 느낌을 받게 해라. 아이의 도전을 인정하고, 나아지고 있는 부분을 칭찬해라.

{교훈 2}… 새로운 지식은 얻자마자 사용하게 한다

대다수의 컴퓨터 게임은 새로 얻은 정보를 나중에 필요해질 때를 대비해 따로 저장할 필요가 없다. 새로운 정보는 거의 항상 곧바로 사용하도록 설계돼 있다.

{교훈 3}… 점수 기반의 신속한 피드백을 바탕으로 성공적인 전략을 짜게 한다

컴퓨터 게임은 피드백이 빨라 게임에 임하는 방식을 수시로 바꿀 수 있다.

{교훈 4}… '도전'의 위험 부담을 제거한다

대다수의 컴퓨터 게임은 참가자들에게 실패하더라도 실생활에 미치는 부정적인 영향이 적어 쉽게 위험을 감수하는 상황을 제시한다.

{교훈 5}… 어른을 모방하는 재미를 준다

컴퓨터 게임을 하면 아이가 어른의 역할을 맡아 성취감을 느낄 수 있다. 물론 컴퓨터 게임에서만 그러는 것은 아니다. 《톰 소여의 모험》, 《마법의 나무The Magic Faraway Tree》, 《해리포터》, 《제비호와 아마존호Swallows and Amazons》 같은 다수의 아동 문학에는 어른의 역할을 맡은 아이들이 주인공으로 나온다.

{교훈 6}… 재미있다고 생각되는 도전은 일부러 찾아 하기 마련이다

카드 게임이나 스도쿠, 십자말풀이를 하는 사람들을 보면 인간이 도전을 얼마나 사랑하는지 확연히 드러난다. 인도의 아이들은 인도인들이 즐겨하는 '파탕 바찌', 즉 연싸움을 할 때 상당한 집중력을 발휘해 대다수의 군사 전략가도 감탄할 만한 작전과 반격 기술을 짠다. 일이 아닌 장난이나 놀이로 여겨지는 활동은 몇 시간이고 계속할 수 있다.

{교훈 7}… 성공은 전염된다!

어떤 활동을 다른 사람들과 함께 하면 소속감이 커진다. 최근의 컴퓨터 게임은 다른 참가자들과 생각을 공유하거나 경쟁하며 사회적 네트워크를 형성하도록 설계돼 있다. 이 네트워크를 통해 참가자는 성공담을 이야기할 수 있고, 다른 참가자들과 정보나 '치트키'를 공유하면서 더 큰 성취감을 느낄 수 있다. 이는 게임 밖의 세상에서도 마찬가지다. 아이들은 대부분 한번 성취감을 느끼면 그 감정을 더 자주 느끼고 싶어 한다.

{교훈 8}··· 도파민의 분비를 촉진한다

신경화학물질인 도파민은 의욕을 고취하는 동기부여와 관련이 있다.[4] 컴퓨터 게임을 하면 도전과 보상을 반복적으로 경험해 도파민의 분비가 촉진된다.

모든 활동을 게임처럼 바꿀 수는 없겠지만, 아이들은 위험 부담이 없고 재미있으며 실패해도 언제든 다시 할 수 있는 도전을 즐긴다는 사실은 부모에게 유용한 정보다. 예를 들어, 아이들은 수수께끼 놀이나 트리비얼 퍼슈트 게임(일반 상식과 대중문화에 관한 퀴즈를 맞히는 보드게임-옮긴이), 보드게임, 연날리기를 할 때 엄청난 의욕을 보인다. 핵심은 결과를 생각하지 않고 놀이를 하는 그 순간에 집중할 수 있느냐다.

긍정적인 코칭

현대적인 코칭 기법의 대부, 티머시 골웨이Timothy Gallwey를 만나보자.[5] 테니스 코치였던 티머시는 힌두교 지도자 마하라즈 지Maharaj Ji에게서 배운 마음챙김을 선수들의 경기력을 극대화하는 코칭 기술에 적용했다.

인간은 어떤 활동을 하든 대부분 두 가지 과정을 동시에 거친다. 밖으로는 주변 환경의 도전에 맞서고 안으로는 자신의 능력에 대한 의심과 과신을 극복해야 한다. 티머시는 "공이 베이스라인에 가까워질 때까지 기다렸다가 공이 가장 높은 지점까지 튀면 그때 공을 쳐!" 같은 특정한 지시를 내려도 선수의 실력이 향상되지 않는다는 사실에 주목했다. 선수들은 그의 지시를 따르는 데 지나치게 집중해 오히려 실력이 떨어졌다.

두려움+걱정=자기 인식 상실=의욕 상실

티머시는 코칭의 초점을 바꿔 지시를 내리고 건설적인 평가를 하기보다 선수들의 자기 인식을 높이는 데 주력했다. 선수들의 실력을 향상시키려면 더 많은 정보를 주거나 더 강하게 압박하기보다, 선수가 느끼는 자신의 존재감과 자기 인식을 강화해야 한다고 믿었다. 그래서 지시를 하는 대신 선수들에게 이렇게 물었다. "공이 튈 때는 '튄다!'라고 외치고 공을 칠 때는 '친다!'라고 외칠 수 있겠나?" 그의 조언대로 눈앞의 과제에 집중하자 선수들의 경기력은 극적으로 향상됐다.

티머시 골웨이가 지도했던 선수들은 실력이 아주 뛰어났지만, 대부분 자신의 경기 방식에서 단점을 찾아내는 데 너무 집중하는 바람에 경기 때 최상의 실력을 발휘하지 못했다. 아이들 역시 잠재력을 발휘할 수 있으면서도 자기 자신을 비판하고 성공의 범위를 제한하느라 시간을 허비하는 경우가 많다.

아이의 의욕을 키우려면 무엇보다 두려움을 극복하게 해야 한다.[6] 사람들은 흔히 실패의 위험을 감수하는 것보다는 아예 하지 않는 것이 훨씬 더 쉽다고 생각한다. 두려움은 피하려고 애쓸 때 더 크게 다가오기 때문이다.

'목표 달성'에서 '지금 이 순간에 하고 있는 일'로 아이의 관심을 돌려라. 그러려면 아이의 수행 능력이 떨어져도 지적하지 말아야 한다. 가장 큰 배움은 지금 하는 일에 집중할 때 얻어진다. 아이들은 특히 놀 때 배운다. 성공하려고 노력할수록 실패할 가능성은 더 커진다. 안간힘을 쓸수록 지금 하는 일보다 그 일의 결과에 관심이 쏠리기 때문이다.

운동선수들이 긴장해서 경기를 망치고, 쉬운 슛도 실패하는 것이 바로 이 때문이다. 같은 이유로 연주자들은 곡을 연습할 때 어려운 부분을 급하게 넘어간다. 지금 하는 일보다 결과에 집중하기 시작하는 것이다.

아이가 학교생활에 의욕을 잃지 않도록 시스템을 구축하라

성적이 좋은 고등학교 3학년생 수천 명을 조사한 결과, 이들의 성공에서 가장 눈에 띄는 특징은 바로 시스템이었다. 이 학생들은 언제 공부할지 언제 쉴지 규칙을 정하고, 좋든 싫든 그 규칙을 따랐다. 시스템이 목표보다 중요하다는 사실을 아이에게 가르쳐라.

천재는 자신에게 맞는 시스템을 찾아낸다. 언제 놀고 읽고 텔레비전을 보고 잠자리에 드는 것이 제일 좋은지, 아이 스스로 파악하게 해라. 시스템은 대다수의 가정이 어려움을 겪는 바쁜 시간대에 특히 유용하다. 아침에는 정시에 집을 나서고 밤에는 모두 정시에 잠자리에 들 수 있다.

시스템은 목표보다 유용하다. 부모 자신과 아이를 위해 목표를 세우는 것 자체는 문제가 없지만, 아이가 목표에 너무 집중하면 초조해질 수 있다. 게다가 목표를 이루고 나면 더는 노력하지 않을 수도 있다. 예를 들어, 5킬로그램의 체중 감량을 목표로 잡았다고 하자. 이때 목표에 너무 집중하면, 일단 목표를 이룬 후에는 건강한 식습관과 생활 습관을 유지하려는 의지가 약해져 원래의 체중으로 돌아가기 쉽다.

물론 시스템이 항상 효과가 있는 것은 아니다. 도저히 침대에서 빠져나와 체육관에 갈 수 없는 아침도 있다. 어떤 날은 건강식이 초콜릿 케이크에 완전히 밀려나기도 하고, 숙제할 기운이 전혀 나지 않는 밤도 있다. 그럴 때도 시스템으로 되돌아가야 한다. 하루쯤은 어길 수 있지만, '두 번은 어기지 않는다'를 가족 규칙으로 정해라.

아이들은 흔히 매 학년 2학기에 쉽게 의욕을 잃는다. 이럴 때는 의욕이 잠시 떨어졌을 뿐 아예 없어진 것은 아니라는 사실을 아이에게 꼭 일깨워야 한다. 이 시기에 의욕이 떨어지는 현상은 불안이나 걱정과 더 큰 관련이 있다.

학기가 바뀔 때 전열을 재정비하고 활력을 높이면 아이의 잠재력을 강화할 수 있다. 이 시기는 아이의 관심을 학교생활에 집중시킬 아주 좋은 기회다. 다음의 방법들을 이용해라.

여러 개의 작은 목표와 하나의 큰 목표를 세우게 하라

아이 스스로 동기를 부여하게 할 수 있는 가장 효과적인 방법이다. 아이가 학교에서 배우는 모든 과목에 대해 매주 작은 목표를 하나씩 세워라. 예를 들어, 국어 교과서의 한 장章을 읽고 이해하는 것을 목표로 세웠다고 해보자. 목표를 적어 부모와 아이가 모두 볼 수 있는 곳에 붙여라. 아이가 목표를 달성하면 동그라미 표시를 해라. 완수한 과제에 표시를 하면 성취감이 느껴져 의욕이 높아진다.

아이가 가장 좋아하는 과목에 전력을 다하게 해라. 그 과목에서만큼은 반에서 일등을 하는 것을 목표로 삼게 해라. 아이는 그 과목을 기준으로 자기 자신을 평가할 것이다. 아이들은 어떤 과목 하나만 집중적으로 공부하는 목표 정도는 충분히 달성할 수 있다고 느낀다.

체계적으로 공부하도록 도우라

학습 진도를 놓치지 마라. 천재도 때로는 뒤처질 수 있다. 하지만 뒤처지는 과목이 있다면 부지런히 따라잡게 해라. 어떤 부모든 마음 한편으로는 이렇게 생각할 수 있다.

'네가 빈둥거리지만 않았으면 이렇게 진도를 따라잡아야 할 일도 없었을 거야. 이건 네 잘못이야. 잘못한 건 넌데 왜 내가 도와야 하지?'

화가 나고 아이가 잘못한 만큼 고생하게 내버려 두고 싶겠지만 일단 도와라. 아이가 고학년일 때는 특히 더 도와야 한다. 돕는 방법은 다음과 같다.

- 다음과 같이 말하면서 선생님에게 도움을 청하게 해라. "한동안 이 과목에 흥미를 잃어서 뒤처졌지만 지금은 정말 따라잡고 싶습니다."
- 필기하는 습관이 잡혀 있지 않으면 습관을 들이도록 도와라. 필기를 하지 못한 부분은 친구에게 빌려 베끼게 해라.
- 아이가 쑥스러워 수업 중에 질문을 하지 못하면 수업마다 질문을 하나씩 하는 것을 목표로 세우게 해라. 아이가 너무 부끄러워하면 수업이 끝나고 질문하게 해라. 그것도 부끄러워 못 하겠다고 하면 이메일로 질문하게 해라.
- 해당 과목에서 지금까지 배운 내용을 주제별로 요약해 복습하게 해라.
- 아이가 공부하는 공간이 지저분하다면 깨끗이 치우게 해라.

시간이 걸릴 수 있는 과정이니 인내심을 가져라. 짧은 거리를 달리는 훈련을 하지 않고 곧바로 마라톤에 도전할 수 있는 사람은 없다. 성적을 올릴 때도 마찬가지다. 아이의 의욕을 되찾으려면 한 걸음씩 단계를 밟아야 한다.

다른 사람을 신경 쓰는 습관을 버리게 하라

아주 영리한 아이들도 의욕을 상실했을 때는, 자신을 제외한 모두가 자신보다 더 많이 알고 재능이 많고 똑똑하며 머리가 훨씬 좋다고 생각한다. 아이들은 대부분 자신이 학교생활을 얼마나 잘하고 있는지 전혀 모른다. 3장에서 다윗과 골리앗의 교훈을 예로 들면서 언급했듯, 핵심은 아이가 자신만의 강점을 조합해 최대한 활용하도록 돕는 것이다.

학교에서 보내는 시간을 잘 활용하게 하라

많은 아이가 학교에서는 빈둥거리고 학교 밖에서는 뒤처진 공부를 하느라 바쁘다. 그러면서 왜 이렇게 해야 할 공부가 많은지 모르겠다고 불평한다. 수업 시간에 앞을 향해 앉게 해라. 수업 시간에 집중하고 경청하면 끝도 없이 이어지는 공부 시간을 줄일 수 있다. 이렇게 아낀 귀중한 시간은 나중에 친구들과 어울려 놀 때 쓸 수 있다고 설득해라.

정직을 중요시하라

의욕이 떨어진 아이는 공부 시간을 피하려고 무슨 일이든 할 것이다. 이 세상에는 "개 산책시켜야 해요"나 "머리를 식혀야 공부가 더 잘되거든요" 처럼 온갖 핑곗거리가 가득하다. 컴퓨터 게임을 하거나 TV를 보거나 채팅을 하려면 그 전에 공부를 끝내야 한다고 단호하게 말해라.

또한 아이가 자기 자신에게 솔직해지게 해라. 컴퓨터를 켜두고 침대에 누워서, DVD를 틀어놓고 음악을 들으면서, 친구들과 채팅하는 프로그램을 켜둔 채로 하는 공부는 지금도, 앞으로도 절대 공부가 아니라는 사실을 인정하게 해라. 공부 시간에는 전자기기를 모두 끄고 책상에 똑바로 앉게 해라.

새로운 시스템을 구축하라

아이가 좀처럼 의욕을 되찾지 못하면 새로운 시스템을 구축해라. 예를 들어, 집보다 동네 도서관에서 공부하게 하거나 공부방을 바꿔라.

파도 타는 법을 배우는 가장 좋은 방법은 파도를 타는 것이듯, 시험을 잘 보고 에세이를 잘 쓰는 법을 배우려면 공부에 전적으로 집중해야 한다고 말해라. 시험을 볼 때와 똑같은 환경에서 공부하게 해라. 시험장에서는 음악이 흐르지도 않고 문자를 주고받을 수도 없다.

내면의 적을 물리치게 하라

아이가 이상의 모든 조언을 무시하면서 "못 하겠어요", "별로 하고 싶지 않아요", "마음에 들지 않아요"라고 말할 수도 있다. 겁먹은 아이의 내면이 도전을 포기하라고 아이를 설득하기 때문이다. 달리 말하면 렉스가 도전을 멈추라고 앨버트를 구슬리기 때문이다. 렉스는 위험을 감지하면 무언가를 도전해 실패하느니 처음부터 도전하지 않는 것이 훨씬 좋다고 생각한다.

아이가 평생 이런 유형의 사고를 한다면 어떻게 될지 상상해보라. U2나 핑크 플로이드, 50센트가 이미 다 했다는 핑계로 음악을 배우거나 밴드를 만들지 않을 것이다. 거부당할까 봐 두려워 좋아하는 사람에게 말을 걸지도 못할 것이다. 혹시나 실망할까 봐 정말 가고 싶은 곳에도 가지 않을 것이다. 꿈꾸는 삶을 살 수 있는데도 용기가 없어 시도조차 하지 않을 것이다.

두려움을 없애고 의욕을 높여라

시대를 막론하고 아이가 가장 두려워하는 것이 무엇인지 아는가? 죽음일까? 아니다. 연단에 서는 것일까? 아니다. 다른 사람이 자신을 나쁘게 생각하는 것이다.

그렇다면 이 두려움에 관한 가장 어이없고 슬픈 농담이 무엇인지 아는가? 사람들은 대부분 다른 사람을 전혀 신경 쓰지 않는다는 사실이다.

사람들은 할 일이 너무 많거나 자기 자신에게 신경 쓰느라 바빠, 누가 무엇을 잘하는지 못하는지 판단하는 일에는 관심이 없거나 그럴 기운이 없다. 다른 사람이 자신을 나쁘게 생각할까 봐 두려워하는 그 아이 자체도 실은 다른 사람에게는 관심이 별로 없을 것이다. 다른 사람이 보는 자기 자신에게만 관심이 있을 뿐이다.

존재하지도 않는 것을 걱정하다 보면 진정으로 즐겁고 성공적인 삶을 제 발로 찰 수 있다. 자신이 실패할 때 받게 될 수도 있는 타인의 평가를 포기의 핑계로 삼지 않게 해라.

열정을 따르게 하라

천재는 열정을 쏟을 분야를 찾아 보상이나 인정을 바라지 않고 집요하게 파고든다. 천재에게는 열정과 성취감, 그 자체가 보상이다. 지금 이 책을 읽고 있는 당신을 비롯해 수많은 사람을 살린 하워드 플로리Howard Florey가 페니실린으로 세균성 감염증을 치료할 방법을 찾았을 때, 그의 동기는 인간의 고통을 줄이고 싶다는 욕구였다. 피오나 우드Fiona Wood 교수도 같은 이유로 1999년에 화상 환자의 피부 세포를 상처 부위에 분사해 피부를 재생하는 치료법을 개발했다. 피오나 교수와 그녀의 팀은 2002년에 일어난 발리 폭탄 테러 사건의 화상 피해자들을 치료하는 데 핵심적인 역할을 했다.

진로를 탐색하는 아이에게 가장 효과적으로 동기를 부여하고 싶다면 열정을 쏟을 대상을 찾아 그 대상에 몰입하라고 조언해라.

아이의 의욕과 끈기를 키우는 활동

2~4세

- 촉각, 균형 감각, 시각, 청각, 후각, 때로는 미각 등의 감각을 모두 동원해야 하는 경험을 중요시해라.
- 아이에게 날마다 책을 읽어줘라.
- 배움을 재미있는 놀이로 만들어라.
- 놀고 웃고 즐기기
- 실제 세상을 직접 탐험하는 일에 주력하기
- 가족끼리 정기적으로 바깥세상 탐험하기
- 꽃, 조개껍데기, 조약돌, 스티커, 사진 등의 물건 수집하기
- 정원에 누군가가 남긴 흔적 따라가기
- 숨바꼭질하기

5~7세

- 리듬에 맞춰 몸을 움직이는 활동으로 도파민의 분비를 촉진해라.
  - 춤추기
  - 타악기 연주
  - 벨리댄스와 몸을 이용한 산수 놀이
- 닥터 수스의 동화책, 《너는 어디든 갈 수 있단다!》 읽기
- 수수께끼 놀이
- 연날리기
- 간단한 퍼즐과 게임 하기, 조각 그림 맞추기, 틀린 그림 찾기, 블록 쌓기

8~11세

- 결과가 아닌 과정에 집중하게 해라.
- 규칙적인 일과와 의식(시스템)을 구축해라.
- 여러 개의 작은 목표와 하나의 큰 목표를 세우게 해라.
- 영상물 시청 시간을 제한해라.
- 열정을 쏟을 대상과 관심사를 보물을 찾듯 찾게 해라.
- 다음과 같이 하나의 답이 또 다른 질문으로 이어지는 흥미로운 주제를 아이가 직접 조사하게 해라.
  - 공룡은 왜 멸종했을까?
  - 대규모 화산 폭발 때문이었을까?
  - 전 세계적인 기후 변화 때문이었을까?

- 공룡은 멸종했는데 왜 크로커다일과 앨리게이터는 어떻게 살아남았을까?
- 공룡이 멸종하지 않았다면 다른 종으로 진화했을까?
- 지금의 새는 공룡이 진화한 것일까?

- 핸드볼, 다운볼, 발리볼, 탁구, 배드민턴, 체조
- 수영
- 드럼 연주
- 즉흥 연기 시합
- 숨은 단어 찾기
- 다음에 올 숫자 맞히기
- 도자기 공예, 조각, 미술

12~18세

- 시스템을 구축해라.
- 아이가 열정적으로 관심을 보이는 분야를 찾아 티머시 골웨이의 코칭법으로 아이가 그 분야에서 성공하도록 도와라.
- 스키, 파도타기, 암벽 등반, 묘기 자전거 타기와 같은 개인 스포츠뿐 아니라 단체 스포츠에 도전하게 해라.
- 기존의 시스템을 분석해 시스템을 따른 결과가 긍정적인지, 부정적인지 파악하는 법을 가르쳐라.
- 학습 진도가 뒤처지지 않도록 체계적으로 관리해라.

- 상황에 따라 일과를 조정하되 정해진 일과를 유지하게 해라.
- 영상물 시청 시간을 계속 제한해라.
- 컴퓨터 게임을 하기 전에 과제를 끝내게 해라.
- 다양한 장소에 데려가고 다양한 경험을 시키며 사고를 확장해 아이의 세상을 계속 넓혀라.
- 목표를 글로 적는 법을 배우게 해라.
- 학교에서 보내는 시간을 잘 활용하게 해라.
- 아이의 강점을 키워라.
- 정직을 중시하고 변명을 용납하지 마라.
- 즉흥 연기에 참여시켜라.

9장

할 수 있다:

긍정적 자세를 생활화해 자기효능감을 키우는 법

존재하는 한 나는 계속 실수할 것이다.

– 샹포르

아이가 "너무 어려워요", "나는 이거 잘 못해요", "별로 하고 싶지 않아요", "지루하고 피곤해요" 같은 말을 하는가? 또는 한 분야에서는 굉장히 유능하지만, 다른 분야에서는 자신의 능력을 과소평가하는가? 이는 머릿속에서 '할 수 없다'는 사고방식이 작동했기 때문이다.

아무리 영리하고 유능하고 뛰어난 아이라도 시도조차 하지 말라고 자기 자신을 설득해 내면의 잠재력을 영영 끌어내지 못하는 우를 범할 수 있다. 아이가 어떤 태도를 갖느냐에 따라 멋진 삶을 살 가능성은 커질 수도, 작아질 수도 있다.

자동차 왕으로 불리는 헨리 포드Henry Ford는 "할 수 있다고 생각하든 할 수 없다고 생각하든, 그 생각대로 될 것이다"라는 명언을 남겼는데, 그의 말은 90년에 걸친 연구를 통해 사실로 입증됐다. 특히 자기효능감에 관한 앨버트 반두라Albert Bandura의 연구[1]와 고정적 사고방식과 성장 지향적 사고방식에 관한 캐럴 드웩Carol Dweck의 연구[2]가 큰 역할을 했다.

아이의 인생을 성공으로 이끄는 데 가장 큰 영향력을 발휘하는 방법은 아이에게 '할 수 있다'는 사고방식을 불어넣는 것이다. 교육 심리학 교수인 허버트 마시Herbert Marsh는 아이들이 느끼는 자기효능감에는 두 가지 유형, 즉 일반적 자기효능감과 구체적 자기효능감이 있다는 사실을 발견했다.[3] 일반적 자기효능감이 높은 아이는 자기 자신을 좋은 사람으로 인식한다. 구체적 자기효능감이 높은 아이는 자전거 타기나 탱고 추기와 같은 특정한 일을 자신이 잘할 것이라고 예상한다. 사람이 할 수 있는 일의 개수가 많은 만큼, 구체적인 자기효능감은 그 종류가 다양하다.

원래 육아 전문가들은 자기 자신을 좋은 사람이라고 느끼는 일반적인 자신감이 높으면 특정한 과제를 완수할 수 있다고 느끼는 자신감이 커진다고 믿었다. 그러나 마시 교수의 연구에 따르면 정확히 그 반대였다. 아이가 특정한 분야에서 자신이 유능하다고 느낄수록 다른 분야에 대한 자신감이 커졌다.

여기에서 중요한 소식은 아이가 자신의 기술과 능력을 발휘하는 분야를 보물찾기하듯 찾아 그 분야에서 더 높은 목표에 도전하도록 도우면, 자신감과 긍정적인 사고방식을 전반적으로 키울 수 있다는 사실이다. 무언가를 시도하여 부모에게 노력을 인정받으면, 아이는 더 나아질 수 있다는 긍정적인 태도를 갖게 된다는 뜻이다.

신경가소성에 관한 연구에 따르면 아이들의 뇌는 많이 쓸수록 똑똑해진다. 그런데도 인간은 보통 고집스러울 정도로 단호하게 자기 자신을 비하하고, 도전을 포기하고, 새로운 시도를 두려워하며, 자신의 잠재력을 끌어내기보다 가두려고 한다. 왜 이런 현상이 나타나는지를 이해하려면 벼룩의 행동을 관찰할 필요가 있다. 뜬금없이 웬 벼룩이냐 싶겠지만 계속 읽어보길 바란다.

벼룩이 주는 교훈

페미니즘 관련 문헌에 자주 등장하는 '유리 천장 효과'라는 용어를 들어봤을 것이다. 유리 천장은 조직 내에서 여성의 고위직 진출을 가로막는 보이지 않는 장벽을 뜻한다. 그러나 유리 천장이라는 용어의 유래를 아는 사람은 많지 않을 것이다.

벼룩은 자기 키의 100배 높이까지 뛰어오를 수 있다. 키가 1.8미터인 사람이라면 180미터 높이까지 뛰는 셈이다. 하지만 벼룩을 윗면이 뚫린 상자에 넣고 위쪽을 유리로 덮은 뒤 며칠 동안 내버려 두면 놀라운 일이 일어난다. 유리를 치워도 벼룩은 유리가 덮여 있던 높이까지만 뛰어오른다. 자기 키의 100배까지 뛸 수 있는데도 말이다.

부디 당신의 아이가 벼룩과 같을 수 있다는 말에 기분이 상하지 않길 바란다. 아이들도 벼룩처럼 자신의 가능성을 잊어버릴 수 있다. 그런 아이들은 자신의 능력에 한계가 있다고 확신하고, 자신만의 유리 천장을 만든다.

부모로서 아이가 자신의 진정한 잠재력을 찾도록 돕고 싶다면 아이의 머릿속을 분주히 돌아다니는 온갖 생각을 자세히 들여다봐야 한다. 그러려면 2장에서 소개한 친구들, 렉스와 앨버트를 다시 만나야 한다.

앨버트의 생각과 렉스의 생각

우리 머릿속에서는 언제나 온갖 종류의 생각이 돌아다닌다. 그중에는 그야말로 천재적인 생각도 있고, 뒷문으로 조용히 내다 버려야 할 생각도 있다.

사람들은 어느 정도 나이를 먹으면 자신이 하는 생각이 모두 믿을 만하지는 않다는 깨달음을 얻는다. 하지만 어린아이와 10대들은 이 사실을 모른다. 대다수가 자신의 생각이 모두 옳다고 믿는다.

생각이 앨버트의 생각과 렉스의 생각이라는 두 가지 유형으로 나뉜다는 사실을 아이에게 이해시켜라. 렉스의 생각은 머릿속을 맴돌며 자신감과 낙관적인 사고방식을 잡아먹는 부정적인 생각이다. 앨버트의 생각은 렉스의 생각보다 긍정적이고 유익하다. 예컨대 아이가 비관적인 생각을 쏟아내거든, 잠시 멈추게 하고 이렇게 말해라. "좋아, 렉스의 생각 열 개를 연속으로 들었으니까 이제 앨버트의 생각을 몇 개 들어보자."

아이가 렉스의 생각과 앨버트의 생각에 어떤 차이가 있는지를 이해하기까지는 시간이 다소 걸릴 테니 서두르지 마라. 아이들은 원래 자신의 생각을 전적으로 믿는 경향이 있고, 비판을 문자 그대로 받아들인다. 그러므로 두 종류의 생각을 헤아리는 법을 배우려면 시간이 걸릴 수 있다. 어떤 연령대의 아이든 이 개념을 배울 수 있지만, 제대로 이해하려면 8~9세는 돼야 하니 인내심을 가져라.

렉스의 생각과 앨버트의 생각

렉스	앨버트
나는 그림을 잘 못 그린다.	배우면 더 잘 그릴 수 있다.
나는 악기를 연주할 수 없다.	원하면 배워서 연주할 수 있지만 그다지 관심이 없다.
나는 시험을 볼 때 스트레스를 받는다.	누구나 조금은 스트레스를 받는다. 그리고 스트레스를 받으면 더 최선을 다하게 된다.
나는 처음 만나는 사람에게 말을 걸 때 긴장한다.	처음 만나는 사람 앞에서는 누구나 조금은 긴장한다. 그리고 내 친구들도 한때는 모두 모르는 사람들이었다.

부정적이고 제한적인 렉스의 생각이 애초에 왜 떠오르는지 궁금할 것이다. 렉스가 없었다면 당신은 숨을 쉬지도, 이 책을 읽고 있지도 못할 것이다. 렉스는 우리뿐 아니라 우리 조상들의 생존을 도왔다. 사실 우리는 모두 비관주의자의 후손이다.

우리 조상들은 '저 덤불 속에 날카로운 송곳니가 난 호랑이가 있을지도 모르지만, 걱정하지 말자'라고 생각하는 사람들이 아니었다. 당연하게도, 그렇게 생각하는 사람들은 호랑이에게 잡아먹혔으니까. 살아남아 우리를 이 세상에 태어나게 한 사람들은 덤불에서 바스락 소리만 들려도 더 안전한 구역으로 옮긴, 신중하고 편집증적인 비관주의자들이었다.

인간은 긍정적인 앨버트의 생각보다 자신을 위협하는 존재와 부정적인 렉스의 생각에 더 큰 관심을 기울인다. 그래야 생존할 수 있기 때문이다. 따라서 렉스의 생각이 떠오르는 것을 피할 수는 없다. 이 숭고한 깨달음을 얻어 마음의 평화를 얻고 나면, 렉스의 생각이 머릿속을 헤엄쳐 다닐 때마다 누구나 그렇듯 자기 자신도 연약한 인간일 뿐이라는 사실을 떠올릴 수 있을 것이다.

대부분 앨버트의 생각보다 렉스의 생각을 훨씬 더 많이 한다. 따라서 렉스의 생각을 앨버트의 생각으로 바꾸는 법을 배우지 않으면 교착 상태에 빠져 포기하고 낙담하며, 미래를 그저 암울하게 받아들이게 된다.

렉스의 생각을 파악하라

렉스의 생각은 편안하고 안전한 상태를 유지해주지만 잠재력의 불꽃을 꺼트리기도 한다. 렉스의 생각이 떠오르면 원하는 곳이 아닌 엉뚱한 곳에 에너지를 쏟게 된다. 이 세상에는 직면한 문제를 해결하는 데 아무런 도움이 안 되는 일에 정신이 팔리는 사람들이 많다. 도박을 하고 술을 마시고 음식으로 위안을 삼으면서 중요한 일에 쏟아야 할 주의를 딴 데로 돌리는 사람들이 그 예다.

아이가 학교에서는 내내 착하게 굴다가 갑자기 심하게 떼를 쓰든, 다음 날 아침에 볼 시험 때문에 걱정이 돼 잠들지 못하든, 이런 행동을 한다고 문제가 해결되지는 않는다. 렉스의 생각이 어떤 상황을 일으키는지를 보여주는 흔한 예 두 가지를 살펴보자.

학교를 좋아하고 공부를 잘하고 싶어 하는 세라는 시험을 못 보면 절대 안 된다는 렉스의 생각에 사로잡혔다. (렉스의 생각은 두루뭉술하다. 이 경우에도 확실한 단어는 하나도 없고 시험을 못 보는 것이 정확히 무엇인지도 규정되지 않았다.)

그러다 시험 날이 밝았고 세라는 C를 받았다. 드디어 렉스의 공격이 시작됐다. 세라는 머릿속에서 시험 내용을 몇 번이고 계속 검토하는 자학 행위를 하면서 불안감에 시달렸다. 불안에서 벗어나기 위해 세라는 선생님을 탓했고 급기야는 선생님이 자신의 시험지를 까다롭고 인색하게 채점했을 것이라는 생각에 이르렀다. 그러나 이 생각은 받아들이기 어려웠다. 세라는 평소에 그 선생님을 좋아하고 신뢰했기 때문이다. 잠시나마 불손한 생각을 했다는 생각에 세라는 선생님에 대해 미안함을 느꼈고, 그래서 더 상냥하게 굴었다. 결국 C를 받아 기분이 나빴던 세라는 그 감정을 누그러뜨리기 위해 이 경험에서 얻을 수 있는 교훈을 분석하기보다, 타인에게 과도한 친절과 도움을 베풀었다.

렉스의 생각을 솔직히 인정하고 해결하지 않으면 세라는 평생 남의 비위를 맞추는 삶을 살게 될 것이다. 타인의 욕구를 위해 자신의 욕구를 희생하며, 자신은 보조적인 역할에 머무르면서 타인이 빛을 발하도록 돕는 사람이 되는 것이다.

지미도 학교를 좋아하고 세라처럼 똑똑하다. 하루는 반 친구들 몇 명이 수업 시간에 질문을 했다는 이유로 지미를 놀렸다. 처음에는 잠시 당황하다 대수롭지 않게 넘겼지만 친구들의 놀림은 멈추지 않았다. 지미는 속이 상했지만 친구들을 잃을까 두려워 아무 말도 하지 않았다.

지미는 한번 문제가 된 상황은 앞으로도 계속 문제가 될 것이라고 생각했다. 인기 있는 학생이 되고 싶었던 지미는 반 친구들의 사고방식을 받아들이기 시작했다. 수업 시간에 더는 질문을 하지 않았고, 학교는 따분하다고 믿는 척하는 연기를 했다. 연기를 너무나 그럴듯하게 해서 자신조차 실제로 그렇다고 믿기 시작했다. 이처럼 렉스의 생각 때문에 셀 수 없이 많은 똑똑한 학생이 어리석은 행동을 하다 낙제한다.

누구나 렉스의 생각을 한다. 하지만 천재는 원시적인 뇌 렉스가 자신을 방해하려 하는 순간 그 사실을 인지해 렉스의 생각에 휘둘리지 않는다. 부모는 아이가 렉스의 어떤 생각을 하고 있는지 알아야 한다. 그래야 아이가 그 생각에 반격을 가해 앨버트가 작동할 공간을 확보하도록 도울 수 있다.

다음 표에는 렉스의 생각 때문에 아이가 자신의 성공을 방해하는 행동이 나열돼 있다. 이 중에 자녀가 가끔 하는 행동이 있다면 모두 동그라미를 친 뒤 다음의 질문에 답해보라.

아이가 자신의 성공을 방해하는 행위

잘못을 따진다.	남 탓을 한다.	자책한다.	상황을 실제보다 나쁘게 해석한다.	남의 험담을 한다.
문제를 해결할 수 없는 사람에게 불평한다.	누군가를 적으로 만든다.	입을 꾹 다물고 문제를 말하지 않는다.	문제가 없는 척 행동한다.	무언가를 말하면 상대가 속상해할 것이라고 생각한다.
다른 사람의 문제를 대신 해결해준다.	다른 사람을 지나치게 돕거나 배려한다.	문제를 끝도 없이 검토한다.	인생은 언제나 어려움의 연속일 것이라고 예상한다.	지금의 문제가 앞으로도 계속될 것이라고 생각한다.
사소한 일에 상처를 받는다.	복수를 맹세한다.	일을 미룬다.	너무 열심히 한다.	모든 일을 완벽하게 하려고 애쓴다.
잠을 덜 잔다.	식습관을 바꾼다.	운동 습관을 바꾼다.	친구들을 만나지 않거나 너무 자주 만난다.	문제를 잊어버리거나 생각하지 않으려고 애쓴다.
농담으로 넘기려 한다.	너무 귀찮은 일이라는 결론을 내린다.	금세 포기하고 다른 일을 한다.	어차피 하기 싫은 일이었다고 자위한다.	문제와 전혀 관련 없는 일을 해 관심을 돌린다.

- 아이가 쓰는 전략이 어떤 효과를 발휘하는가?
- 아이가 그 전략을 쓰면 어떤 대가를 치를 것 같은가?
- 그 전략을 대체할 긍정적인 전략은 무엇인가?

렉스가 아이의 잠재력을 죽이지 않게 하는 법

렉스가 자발적으로 공격을 멈추는 일은 없다. 따라서 부모의 역할이 중요하다. 부모는 렉스에게 반기를 들어 물리치는 법을 아이에게 가르치고, 아이가 언제 앞의 표에 나오는 전략을 쓰는지 포착해, 그 전략이 아이에게 효과가 있는지 없는지를 파악해야 한다.

부모는 아이가 앨버트의 생각은 많이 하고 렉스의 생각은 물리치도록 돕는 중요한 역할을 맡고 있다. 지금부터 그 역할을 수행하기 위한 몇 가지 전략을 알아보자.

'할 수 있게 되다'와 '아직은'을 써라

아이의 잠재력을 끌어내려면 '할 수 있게 되다'와 '지금은'이라는 2개의 표현을 꼭 쓰는 것이 좋다.

'해야 한다' 대신 '할 수 있게 되다'라는 표현을 쓰면 살아 있다는 놀라운 행운에 더욱 감사하게 된다. 누구나 '출근해야 한다', '자동차 점검을 받아야 한다', '이 기획을 끝내야 한다' 등 '해야 하는 일'의 늪에 빠진다. 이제부터는 지금 하려는 일이 '해야 하는 일'이라는 생각이 들면 잠시 멈춰 숙고한 뒤에 그 일을 '할 수 있게 된 일'로 바꿔라. 일테면 '출근할 수 있게 됐다', '자동차 점검을 받을 수 있게 됐다', '이 기획을 끝낼 수 있게 됐다'로 바꿔라.

지구상에 살았던 107,602,707,791명 중 지금 살아 있는 인간은 그 수의 약 7.4%인 80억 명에 불과하다. 조상들은 아마도 우리가 지금 하는 일을 할 수만 있다면 무엇이든 바치려 했을 것이다. 그만큼 고생스러웠을 조상들의 삶을 상상해보면 자동차 점검을 '받아야 하는' 게 아니라 '받을 수 있게 됐다'가 타당하지 않을까?

다음으로, 렉스가 활동을 시작하면 아이는 "나는 숫자에 약해요", "나는 피아노를 못 쳐요", "나는 창의성이 없어요" 같은 말을 할 것이다. 이 문제에 대해 아이와 자세히 의논할 수도 있지만, 간단하게 아이의 말끝에 '지금은'을 덧붙여라. "그래, 너는 숫자에 약해, 지금은." 이 한 단어를 추가하기만 해도 아이의 사고방식을 바꿀 수 있다.

위험 요인보다 기회 요인을 찾아라

한 아버지가 두 아들에게 서로 다른 선물을 줬다. 한 아들에게는 값비싼 금시계를, 다른 아들에게는 한 무더기의 말똥을 줬다. 금시계를 받은 아들은 새 시계를 안전하게 보관할 방법을 고민하며 걱정스러운 표정을 지었다. 말똥을 받은 아들은 기뻐서 펄쩍 뛰며 말했다. "와, 고맙습니다! 아버지. 이제 말이 어디에 있는지만 찾으면 되겠네요!"

관점은 중요하다. 〈스타워즈〉의 요다가 말했듯, "하거나 하지 않을 수 있을 뿐, 한번 해보는 것은 없다." 어떤 행사에 참여하기 전에 재미있는지 한번 보겠다는 태도와 무조건 즐겁게 놀아야겠다고 결심하는 태도는 다르다. 두 번째 태도로 살면 더 행복한 삶을 살 가능성이 매우 커진다.

삶의 경험에서 금을 채취하는 법을 아이에게 가르쳐라. 아이가 금을 찾도록 도울 질문은 다음과 같다.

- 이번 경험에서 무엇을 배울 수 있는가?
- 실패는 견디기 힘든 경험이지만 다음에 성공하는 법을 가르쳐 준다. 다음에 성공하려면 무엇을 바꿔야 할 것 같은가?
- 이번 경험에서 마음에 드는 부분은 무엇인가?

끈질기고 교활한 렉스를 상대로 싸워 이기려면, 어떤 경험을 하든 그 경험에서 기회를 찾고 교훈을 얻겠다고 굳게 결심해야 한다.

'한번 해보는 것'은 없다

너무나 많은 아이가 변명의 늪에 빠져 잘못을 인정하지 않고 뒤늦게 핑계를 대느라 잠재력을 발휘하지 못한다. 아이가 진실한 언어를 쓰게 해라. 변명은 거짓이다. 자기 자신을 하찮게 만들어 멋진 삶을 살지 못하도록 가로막는 거짓된 이야기다. 따라서 부모는 아이의 변명을 의심하고 무시하는 태도로 대해야 한다.

우리는 대부분 삶의 어떤 영역에서든 무언가를 선택하거나 선택하지 않는다. 자신의 삶은 스스로 선택하고 개척해야 한다는 원칙을 세우면 아이의 자율성을 키울 수 있다.

부모 자신도 솔직한 언어를 써야 한다. 변명을 하지 않고, 무슨 일이든 자발적으로 선택해서 하는 모습을 아이에게 본보기로 보여줘야 한다.

칭찬의 기술

칭찬은 골치 아픈 주제다. 어떤 부모든 자신이 아이를 사랑하며 믿는다는 사실을 아이가 알고 자신감을 갖길 바란다. 그러나 삶의 냉혹한 현실을 헤쳐오면서 교훈을 얻은 덕분에, 무언가를 노력할 때마다 늘 칭찬을 받진 않는다는 사실을 부모들은 잘 안다. 그래서 결과와 능력에 집중하기 쉽다. 하지만 아이의 능력에만 집중하면, 실패할 것 같은 일은 시도하길 꺼리는 지나치게 신중한 태도를 아이에게 심어줄 수 있다.[4] 그러려고 한 게 아닌데도 말이다.

부모는 자신의 아이가 훌륭하고 이 세상의 모든 훌륭한 일을 할 수 있다고 믿는다. 그 믿음을 부정하는 것은 너무 가혹하니 다음의 방법으로 균형을 잡아라. 우선, 아이를 천재라고 생각한다는 사실을 때때로 아이에게 상기시켜라. 그런 다음 아이가 좋은 결과를 내기 위해 기울인 노력은 아낌없이 칭찬해라. 칭찬을 할 때는 다음과 같이 해라.

- 이렇게 열심히 노력하다니 대단하구나.
- 이 곡을 연습하다니 대단하네. 실력이 점점 늘고 있구나.
- 너도 느끼고 있겠지만, 그동안 그렇게 노력하더니 드디어 열매를 맺는구나.

긍정적인 삶의 자세를 키우는 활동

2~4세

- 아이가 세상을 탐험할 때 곁에 있어 줘라.
- 어른들은 너무나 자주 놓치는 마법 같은 순간을 아이가 포착할 때마다 감탄하고 신기해해라.
- 부모나 조부모로서 누릴 수 있는 가장 멋진 혜택 중 하나는 다시 어린 시절로 돌아가 생명과 아름다움, 즐거움을 아이의 눈으로 볼 수 있다는 점이다.
- 아이가 이룬 결과보다 기울인 노력을 칭찬해라.
- '할 수 있게 되다'와 '지금은'을 사용해라.
- 수영
- 만화경 가지고 놀기

5~7세

- 도움이 되는 생각과 도움이 되지 않는 생각이 무엇인지 이야기해라. 어떤 사람들은 이 두 가지를 '렉스의 생각'과 '앨버트의 생각'이라고 부른다.
- 이 시기에는 다음의 간단한 양육 방침을 따라라. 부모가 아이를 얼마나 믿는지, 아이를 얼마나 대단하다고 생각하는지, 아이가 얼마나 엄청난 잠재력을 발휘할 수 있는지를 알려줘라(이 책의 맨 앞에 실린 '아이에게 꼭 전해야 할 편지'를 참고하라). 그런 다음 아이를 평가할 기회가 있을 때마다 아이가 기울인 노력을 칭찬하고 인정해라.

8~11세

- 자신의 성공을 스스로 어떻게 방해할 수 있는지 이야기해라.
- 앨버트의 생각과 렉스의 생각이 무엇인지, 사람들이 어떻게 이 두 종류의 생각을 하고 두 생각의 균형을 잡을 수 있는지 설명해라.
- 아이에게 문제가 생기면 걱정하고 가엾게 여기되, 문제를 너무 오래 생각하지 마라. 대화의 주제를 최대한 빨리 바꿔 기회와 해결책을 논해라.
- 가정에서도 '할 수 있다'라는 사고방식을 키워라. 한계보다 가능성을 논해라. 그렇다고 아이의 요구를 일일이 들어줄 필요는 없다. 예를 들어, 아이가 학교에서 돌아와 "인도에 가고 싶어요"라고 말하면 "아주 멋진 생각이구나. 경비를 마련할 방법을 찾아보자"라고 답해라. 아

이가 "저녁으로 개구리 다리와 아이스크림을 먹고 싶어요"라고 하면 "좋아! 너는 개구리를 찾으렴. 나는 아이스크림을 준비하마"라고 답해라.

12~18세

- 이 시기의 아이들은 자신이 어떤 일에 소질이 있고 어떤 일에 젬병인지 예리하게 알아챈다. 그래서 때로는 세상이 끝나기라도 한 듯 절망하며 하던 일을 보란 듯이 포기한다. 어떤 일을 시작할 때도 마찬가지다.
- 아이의 변덕과 호들갑에 너무 휩쓸리지 마라. 침착하고 긍정적으로 아이가 기울인 노력을 칭찬하고 인정하는 방침을 고수해라.
- 목표 달성 여부와 상관없이 자신이 따르던 시스템을 분석하게 해라.
- '할 수 있게 되다'와 '지금은'을 계속 써라.
- 착시 현상, 심리 두뇌 게임, 미로 가지고 놀기

10장

창의력:

상상력을 키워주는 스파클링 사고법

내가 사람들에게 어떤 교통수단을 원하느냐고 물어봤다면

그들은 '더 빠른 말'이라고 답했을 것이다.

– 헨리 포드

지식은 해답을 사랑하고, 창의성과 지혜는 질문과 가능성을 사랑한다.

창의성은 어른이 된 이후의 성공을 예측하는 강력한 변수[1]지만, 연구에 따르면 아이들의 창의성은 점점 줄어들고 있다.[2] 이런 세상에서 아이의 잠재력을 끌어내려면, 창의성을 자극할 방법을 고민해야 한다.

창의적인 생각이 가장 잘 떠오르는 시간은 자고 일어났거나 오랫동안 전원을 거닌 뒤에 목욕이나 샤워를 할 때다. 긴장을 풀어 천재성을 깨우는 이 방법은 신기하게도 효과가 있다. 아르키메데스Archimedes는 욕조에서 목욕을 하다 "유레카!"('찾았다'를 뜻하는 그리스어)를 외쳤다. 베토벤과 모차르트, 카를 융Carl Jung, 존 러스킨John Ruskin은 식후에 산책을 하면서 우연히 위대한 생각을 떠올렸다. 다빈치는 어떤 생각이 머릿속에서 구체화

될 때까지 벽을 응시하곤 했다. 아인슈타인은 자연의 힘을 느끼고 영감을 얻기 위해 요트를 타고 바이올린을 연주했다.[3] 그리고 다윈은 1.6킬로미터에 달하는 생각의 길을 걸었다. 돌탑을 쌓아놓고 산책로를 한 번 돌아올 때마다 돌을 하나씩 차서 떨어트리는 의식을 생각이 떠오를 때까지 반복했다.

흔히 생각하듯 집중을 할 때는 관심을 한곳으로 모아야 하지만, 창의적인 사고를 하려면 관심의 범위를 넓히고 경계를 허물어야 한다. 사물을 새로운 시각으로 볼 때 참신한 질문을 할 수 있기 때문이다. 과학자가 아닌 사람이 위대한 과학적 발견을 하는 일이 흔한데, 바로 이런 이유에서다. 1774년에 산소를 발견한 조지프 프리스틀리Joseph Priestly는 성직자였다. 페르마의 마지막 정리로 수백 년 동안 수학자들을 골치 아프게 한 피에르 드 페르마Pierre de Fermat는 변호사였다. 안경을 발명한 벤저민 프랭클린은 정치가이자 외교관이자 인쇄업자였다.

지식과 호기심도 필요하지만, 남들이 놓치는 연관성을 포착하려면 유연하게 사고를 전환하고 공상할 수 있어야 한다. 새로운 관점으로 대상을 보려면 어떤 생각을 이해하되 그 생각에 지나치게 사로잡히지 않는, 단순하지만 천재적인 능력이 필요하다.

어린아이들은 "오리는 왜 꽥꽥 울어요?"나 "풀은 왜 초록색이에요?"처럼 어른은 거의 하지 않는 질문을 쉼 없이 해댄다. 그러다가 어느 시기부터 질문을 너무 많이 해 바쁜 어른을 귀찮게 하면 안 된다는 사실을 깨닫는다.

아이들은 흔히 7~8세가 되면 남의 시선을 의식하기 시작해 무언가를 몰라서 질문하는 것을 부끄러워하게 된다. 안타깝게도 아이들이 추상적인 사고를 하기 시작하는 시기도 바로 이때다. 이 시기에 다양한 관점으로 상황을 바라보도록 이끌어주는 어른이 곁에 있으면 아이는 사고의 유연성이 커진다.

개념이 속하는 범주보다 개념 간의 유사점과 연관성에 집중하면 아이의 자유로운 사고를 촉진할 수 있다. 예를 들어 햇빛과 비, 진눈깨비, 눈, 폭풍, 바람이 어떻게 모두 날씨라는 범주에 속하는지 빠르게 짚어준 뒤에 이 모든 현상이 서로 어떻게 연결돼 있는지 아이와 논의해라.

초심자를 위한 사고 확장법

> 네덜란드의 체스 고수 얀 하인 도너Jan Hein Donner는 IBM 딥 블루 같은 컴퓨터와 맞붙는다면 어떻게 준비할 것인지 묻자 "망치를 가져갈 겁니다"라고 답했다.

사고의 확장은 거창하게 들릴 수 있지만 재미있는 놀이다. 생각을 이리저리 당기고 비틀어 전혀 다른 곳에 그 생각을 적용하는 놀이다.

이상한 생각을 하면 이상한 사람 취급을 받을 수도 있지만, 천재성의 불꽃을 피울 수도 있다. 크리스토퍼 코커렐Christopher Cockerell은 1956년에 공기부양선을 발명했다. 비행기와 배의 개념을 조합해 공중에 뜬 채로 바다 위를 이동하는 배를 만든 것이다. 요즘엔 일상이 됐지만, 흐르는 물이 나오는 수도꼭지를 처음으로 발명한 사람은 처음에는 분명 회의적인 평가를 받았을 것이다.

아서 케스틀러Arthur Koestler는 창의성을 독창성이 습관을 이긴 결과로 정의했다. 흔히 보이는 물건을 새로운 시각으로 바라보고 그 물건의 다른 용도를 생각하도록 도우면 아이의 사고를 확장할 수 있다. 새로운 관점을 적용하면 주어진 상황에 더 다양한 방식으로 대응할 수 있고, 상황을 바꿀 가능성도 커진다.

구분하지 말라!

사람들은 흔히 창의력을 타고나는 사람과 그렇지 않은 사람이 있다고 생각한다. 이는 잘못된 인식이다. 자기 자신을 '예술적 감각이 없는' 사람으로 묘사하는 부모는 그 인식을 아이에게도 심어줄 수 있다. 부모가 느끼는 불안과 한계는 아이에게 그대로 전달된다. 앞으로 "나는 음악적 재능이 없어", "나는 수학을 못해", "나는 공부를 잘한 적이 한 번도 없어" 같은 말을 자기도 모르게 했을 때는, 최소한 "하지만 내 아이는 할 수 있어"라고 덧붙여라.

창의성을 방해하는 것

- 창의적인 사람과 창의적이지 않은 사람이 따로 있다는 믿음
- 생산적인 일을 하라는 말
- 비꼬는 말
- 비난
- 가족 중에 한 아이가 어떤 분야에 소질을 보이면 나머지 형제자매는 그 분야에서 성공할 수 없다는 믿음
- 성공해야 한다는 압박감
- 주변의 비웃음
- 주변의 놀림
- 지나치게 열심히 하고 결과에 집착하는 태도
- 학교에서 순위가 매겨질 때 자신과 친구들을 비교하는 행위

창의성을 촉진하는 일과를 구축하라

창의성은 자녀뿐 아니라 부모 자신도 개발할 수 있는 능력이다. 누구나 창의성을 개발할 수 있지만, 그러려면 충분한 시간과 주위의 격려가 필요하다.

월트 디즈니의 집에는 창의적인 생각을 하는 3개의 방이 있었다. 첫 번째 방은 새로운 생각들을 조합하는 공상의 방, 두 번째 방은 생각의 결점

을 분석하는 현실의 방, 세 번째 방은 그 생각이 엔터테인먼트 사업과 관련해 가치가 있는지 또는 더 좋은 생각은 없는지 고민하는 비판의 방이었다. 에드워드 드 보노는 6개의 생각하는 모자를 사용하는 사고 기법을 개발했다. 직관적인 빨간 모자, 신중한 검정 모자, 낙관적인 노란 모자, 창의적인 초록 모자, 객관적인 하얀 모자, 진행하는 파란 모자를 활용하는 기법이다.

창의성을 발휘하는 과정은 곧 생각을 분출하고 분리하는 과정이다. 불꽃을 일으키듯 새로운 생각을 분출하는 과정도 흥미롭지만, 훌륭한 생각과 그저 그런 생각을 분리해 드러내는 과정은 훨씬 더 중요하다.

문제에 주목해라

나와 다른 사람들에게 짜증을 유발하는 문제에 주목해라. 50년 전쯤 이케아의 직원 길리스 룬드그렌Gillis Lundgren도 그런 문제에 주목했다. 자동차 트렁크에 탁자를 넣으려고 안간힘을 써도 들어가지 않자 탁자의 다리를 떼기로 한 것이다. 납작해진 탁자는 당연히 트렁크에 잘 들어갔다. 이 우연한 일을 계기로 그는 현재 이케아가 채용하고 있는, 상품을 납작하게 포장하는 '플랫 팩Flat pack' 방식을 고안했다. 남들이 보지 못하는 기회는 어디에나 있으니 그 기회를 잡아라.

1995년 피에르 오미다이어Pierre Omidyar는 경매의 진행 방식을 파악한 뒤에 경매와 인터넷을 결합해 이베이를 창업했다. 불과 15년 전인 1980년에는 인터넷을 상상조차 할 수 없었는데 말이다.

호기심을 키워라

모든 아이는 호기심을 타고난다. 호기심을 억누르는 것은 실패와 실수에 대한 두려움 때문이다. 개선을 위한 평가가 있을 뿐 실패는 없다는 원칙을 가족 간의 규칙으로 삼아라.

생각을 가지고 노는 방법을 보여줘 아이의 호기심을 개발하기에 딱 좋은 교재가 있다. 바로 코미디다. 앞에서 이야기한 애벗과 코스텔로의 콩트를 비롯하여 〈마르크스 형제들The Marx Brothers〉, 〈사인펠드Seinfeld〉, 〈블랙애더Blackadder〉, 〈심슨 가족〉, 〈패밀리 가이〉, 〈사우스 파크South Park〉, 〈앵커맨Anchor Man〉, 〈숀 더 쉽Shaun the sheep〉 등은 사고를 터무니없는 수준까지 확장하는 훌륭한 사례를 제공한다.

성급하게 답을 찾지 말고 숙고하고 질문하라

현대 사회는 가장 빠른 답을 재촉한다. 하지만 가장 좋은 답은 천천히 나온다. 시간을 들여 질문하고 고민하고 숙고하고 공상하려면, 기존의 방식을 완전히 뜯어고쳐야 한다. 따라서 시간을 들이지 않으면 상상력을 펼칠 수 없다.

우리는 흔히 상상력은 외부 세계의 무언가를 마음속으로 그리는 능력이라고 생각한다. 하지만 상상을 하려면 내면의 자아를 깨워 그 자아를 통해 통찰을 얻고 이미지를 그려야 한다.

상상력을 펼칠 시간을 줘라

지루함은 행동을 개시하라는 신호다. 아이의 지루함을 없애주고 싶다는 유혹을 물리쳐라. 지루하지 않은 다른 놀잇감을 아이가 직접 찾게 해라.

자유롭게 놀면 상상의 범위가 넓어진다. 자연 속을 탐험하든 집에서 손수 작품을 만들든, 놀이는 창의력과 상상력을 쌓아 올리는 구성 요소다. 하지만 어떤 아이들은 더는 놀이를 하지 않고, 어떤 가정은 너무 바빠 놀이에 투자할 시간이 부족하다. 가정에서 충분한 놀이 시간을 확보하지 못하고 있다면 다음의 제안을 특히 더 따르길 바란다.

❶ 영상물 시청 금지 시간을 둬라

하루 중 일정 시간 동안은 스크린을 꺼야 한다. 아이뿐 아니라 어른도 이 규칙을 지켜라. 컴퓨터를 끄고 휴대전화를 치우면서 아이에게 "지금 가장 중요한 사람은 너란다"라고 말해라.

❷ 창작의 공간을 만들어라

마음대로 창의적인 결정을 내릴 자유를 주지 않으면, 아이가 지닌 잠재력의 일부인 창의성을 키울 수 없다. 의미 있는 결과물을 내야 한다는 압박감을 느끼지 않고 마음껏 선택할 자유와 실험할 기회와 충분한 시간을 아이에게 줘라.

집 안 한구석에 창작의 공간을 만들고 코르크, 크레용, 펠트 조각, 풀, 반짝이 가루, 물감, 셔닐 스틱(송충이 같은 셔닐 직물을 두른 얇은 철사-옮긴이), 끈, 구슬, 색종이, 콜라주 재료 등을 그 공간에 비치해라. 헌 옷과 모자, 봉제 인형, 인형극용 인형 등이 담긴 변장용 상자도 근처에 둬라.

창작의 공간 한 벽에는 흥미로운 사진이나 인용문, 생각을 붙이고 적는 게시판을 걸어라. 그리고 근처에는 쉽게 빨 수 있거나 버려도 되는 낡은 매트를 깔아라. 흠집이 나거나 얼룩이 지면 안 되는 양탄자는 깔지 마라.

❸ 발명할 자유를 줘라

창의적인 아이는 지저분하게 논다. 더러움을 감수해라. 잠재력은 깔끔하게 포장된 선물이 아니다.

아이와 함께 창의성을 자극하는 탐험을 떠나라. 동물원이나 박물관, 수족관이 장난감 가게보다 유익하고 장기적으로 비용도 덜 들 것이다.

농장에 가거나 정원을 가꿔라. 스크랩북과 사진첩을 만들어라.

연이나 어린이용 조립용 경주차, 모형 비행기를 만들게 하고 사진을 찍게 해라.

그림, 악기 연주, 글쓰기, 인형극용 인형 만들기, 도자기 공예, 종이 반죽 공예, 점토 모형 제작 등 다양한 예술 활동을 경험하게 해라. 부모가 되면 누릴 수 있는 큰 즐거움 중 하나는 부모도 함께 놀 수 있다는 것이다.

참석한 아이들 모두가 선물을 받는 파티는 열지 마라. 그보다는 아이들끼리 무언가를 만드는 생일파티를 열어라. 요리 시합을 열거나 길 만들기 놀이를 하거나 특이한 의상, 또는 장난감 집을 만들게 해라.

부모가 창의적인 놀이를 주도하는 것도 좋지만 한발 물러설 줄도 알아야 한다. 창조하는 작업을 아이 대신 해주는 부모는 아이를 창조적인 사람으로 키울 수 없다. 누가 내 행동을 일일이 지켜보고 있다고 느끼면 자유롭게 창의성을 발휘하기 어렵다. 늘 아이 곁에서 맴도는 부모는 아이의 창의성을 몰아낸다.

아이에게 더 나은 결과를 재촉하지 않으려면 부모로서 용기가 필요하다. 하지만 용기를 내 한발 물러서서 지켜보면 잘하는지 못하는지가 아니라 아이의 기분이 어떤지가 보일 것이다.

부모 자신이 자녀가 흥미를 보이는 분야의 전문가라면 더더욱 자녀에게 불완전한 모습을 보여줄 책임이 있다. 너무나 완벽한 부모의 모습에 아이가 주눅 들길 바라지 않는다면 말이다.

간단하고 명쾌한 해결책을 찾아라

언제나 가장 단순한 해결책을 찾아야 한다는 오컴의 면도날 법칙을 따라라. 미 항공우주국NASA은 무중력 상태에서는 볼펜을 쓸 수 없다는 사실을 깨닫고, 어떻게 하면 우주 비행사들이 우주에서 기록하게 할 수 있을지 고민했다. 기계 공학자와 수력 공학자, 화학 공학자들을 모아 팀을 구성한 우주국은 결국 수백만 달러를 들여 우주 볼펜을 개발했다. 우주는 물론 물속에서도 써지고, 펜 끝이 위를 향한 채로도 잘 써지는 볼펜이었다.

소련 사람들도 이 문제를 해결했다. 우주 비행사들에게 연필을 줬다.

스파클링으로 창의적 사고법을 가르쳐라

아이의 창의성을 개발하려면 스파클링SPARKLING하게 해라. 스파클링은 다음 아홉 가지의 첫 자를 딴 것이다.

- 좋은 생각을 저장하라(Store good ideas)
- 패턴을 파악하라(Pattern detection)
- 문제를 분석하라(Analyse the issue)
- 심사숙고하고 재고하라(Reflect and reshape ideas)
- 연을 날려라(Kite-flying)
- 놓아라(Let go)
- 즉흥성과 독창성을 살려라(Improvisation and ingenuity)
- 새로운 방식으로 묘사하라(New ways of describing)
- 생각을 붙잡아 활용하라(Grab it and use it)

좋은 아이디어를 저장하라

생각을 보관할 도구를 찾아라. 예전에는 '만일의 경우'에 대비해 끈과 철사, 털실 등 이런저런 잡동사니를 모아 보관하는 집이 흔했다. 생각도 그렇게 모을 수 있다. 노트북이나 화이트보드, 공책, 스케치북, 서랍 등에 생각을 보관해라. 흔히 좋은 생각은 많이 하지만, 대부분 그 생각들을 흘려보내 잊어버린다. 천재는 좋은 생각을 붙잡아둔다.

부모와 아이 모두 어떤 식으로든 좋은 생각을 붙잡아두는 연습을 해라. 우리 머릿속에서는 영감을 주고 통찰력이 있는 생각이 매일 12개 이상 떠오른다고 한다. 저장하지 않았다면 잊어버렸을 훌륭한 아이디어를 매주 84개나 모을 수 있다.

생각을 너무 까다롭게 고르지는 마라. 조금 이상하고 만족스럽지 않은 생각도 일단 기록해둬라. 저장할 때는 이상하게 느껴졌던 생각이 예기치 못한 순간에 빛을 발하는 사례는 놀라울 정도로 많다. 합리적으로 보이는 생각만 모으지 말고 최대한 많은 생각을 수집하는 것을 목표로 해라. 소셜 미디어, 특히 트위터를 이용하면 특정 주제에 관해 여러 사람의 아이디어를 쉽게 모을 수 있다.

> 지금 하는 생각이 오직 하나뿐이라면 그 생각보다 위험한 것은 없다.
>
> – 에밀 샤르티에

패턴을 파악하라

탐정 셜록 홈스는 이렇게 말했다.

"불가능한 단서를 모두 제거하고 남은 단서는 그것이 아무리 사실일 것 같지 않더라도 진실임이 분명하다."

패턴은 생각을 촉진하는 일련의 흔적이나 단서다. 패턴을 파악하려면 관찰을 해야 한다. 관찰력은 누구나 키울 수 있다. 사람을 한 명 골라 그 사람의 기분과 몸짓 언어, 어조, 표정에 주목하는 연습을 하는 것도 한 가지 방법이다. 듣고, 보고, 주목하고, 관찰하기만 해도 놀라울 정도로 많은 정보를 얻을 수 있다.

주변 세상을 관찰하는 능력을 갖춘 사람은 그리 많지 않다. 작정하고 질문을 많이 해라. 잠재적인 문제를 포착하고 해결책을 고민해라. 예를 들어 다음과 같이 생각을 이어가는 것이다.

- 요즘 사람들은 휴대전화를 들여다보는 시간이 많다. 그러면 목 근육의 통증을 호소하는 사람이 많아지지 않을까? 그러면 접골사를 찾는 사람이 늘어나지 않을까?
- 슈퍼마켓의 주차장에는 보통 경사로가 있고, 손수레의 모서리는 단단한 금속으로 돼 있다. 손수레가 경사로에서 미끄러져 자동차에 부딪힐 경우를 대비해 손수레에 완충재를 달면 어떨까?
- 날씨가 덥고 습해지면 우산을 더 많이 찾을까, 고무장화를 더 많이 찾을까? 발이 뜨거워지지 않는 고무장화를 개발하면 어떨까?

사례는 많지만 이 정도면 핵심은 파악됐을 것이다.

문제를 분석하라

《성장하거나 죽거나Grow or Die》의 저자 조지 에인스워스 랜드George Ainsworth Land가 5세 아이들을 대상으로 창의성 검사를 했을 때, 높은 점수를 받은 아이들은 전체 참가자의 98%에 달했다. 그러나 같은 아이들을

10세 때 다시 검사하자, 창의성 점수가 여전히 높은 아이들은 30%에 불과했다. 15세 때는 12%로 낮아졌고, 성인기에는 2%까지 떨어졌다.[4]

5세 아이들은 하루에 65개의 질문을 한다. 44세에는 질문의 수가 6개로 떨어진다. 웃음도 큰 차이를 보인다. 아이 때는 하루에 113번 웃지만 어른이 되면 11번 웃는다. 결론적으로 어른은 아이보다 재미와 호기심을 덜 느낀다.

호기심을 잃지 마라. 답을 모르는 상태로 주어진 문제나 안건을 붙들고 고민해라. 아이건 어른이건 창의성을 죽이는 가장 빠른 방법은 정해진 시간 안에 해결책을 찾아야 한다는 부담을 주는 것이다.

수없이 고치고 또 고친 피카소의 유명한 그림 〈게르니카〉처럼 위대한 창작품은 대부분 오랜 시간에 걸쳐 완성된다.

심사숙고하고 재고하라

요즘 세상은 깊이 생각할 시간을 좀처럼 허락하지 않는다. 잠시 멈춰 어떤 사건이나 생각의 의미를 곱씹으며 고민하는 과정을 대부분 빠르게 건너뛴다. 심사숙고는 망설임이나 우유부단함과 비슷한 것으로 여겨진다.

레오나르도 다빈치는 가장 가치 있는 것은 다시 생각하는 것이라고 믿었다. 심사숙고는 곧 창의성에 도달하는 길이다.

잠시도 가만히 있지 못하는 아이나 목표 지향적인 어른이 답을 모른 채로 창의성이 발현될 때까지 끈기 있게 기다리려면 굉장한 인내심을 발휘해야 한다. 가장 좋은 생각이 떠오르길 기다리는 동안 지루함을 달랠 최고의 방법은 지금 하는 생각을 재구성하는 것이다.

우선 아이에게 다음과 같은 질문을 해라.

"더 작으면(또는 더 늦으면, 더 가까우면, 더 더우면, 더 추우면) 어땠을까?"

생각을 가지고 놀게 해라. 아이를 닦달해 억지로 답을 끌어내지 마라. 어떤 답이라도 수용한다는 열린 자세를 취해라.

그런 다음 주제와 비슷한 개념을 찾아 둘을 비유해라. 예를 들면 이렇다.

- 쇼핑몰과 벌통은 비슷한가?
- 인간의 몸속에 흐르는 혈액은 수도관을 흐르는 물과 비슷한가?
- 원자의 핵 주위를 도는 전자는 태양의 주위를 도는 행성과 비슷한가?

이제 사고를 확장해라. 생각을 다양한 방식으로 조합해라. 그 과정에서 아이와 의견을 주고받아라. 아이가 제일 처음 한 생각에 만족하지 말고 그 생각들을 계속 이리저리 뒤섞어라.

생각을 재구성하려면 현재 상황의 한계를 뛰어넘는 사고를 해야 한다. 때로는 "정반대의 상황이라면 어떨까?"라고 물어라.

도표와 개요도, 스토리보드, 체계도와 같은 도구를 융통성 있게 활용해 생각과 개념을 다양하게 묘사하는 것을 목표로 해라. 에드워드 드 보노의 생각하는 모자도 이 목표를 이루는 데 도움이 될 수 있다.[5]

연을 날려라

창의성은 보통 사고의 초점이 흐릴 때, 즉 공상에 잠겨 생각이 여기저기 배회하도록 내버려 둘 때 연처럼 날아오른다. 모차르트는 이렇게 말했다. "음악이 내게 오도록 만들 수는 없다. 음악은 제 발로 조금씩 다가와 나를 통과한다. 나를 통해 스스로 악보를 쓰기 시작한다."

마이클 잭슨Michael Jackson도 꿈속에서 음악이 자신에게 다가온다고 말했다. 키스 리처즈Keith Richards 역시 롤링스톤스의 명곡 〈만족할 수 없어(I can't get no) Satisfaction〉의 유명한 기타 리프를 꿈속에서 듣고 벌떡 일어나 악보를 적었다고 회상한다.

놓아라

정말로 목욕하면서 영감을 얻었든 그렇지 않았든, 아르키메데스의 일화는 중요한 점을 시사한다. 인간의 뇌는 빈둥거릴 때 문제를 해결하는 능력이 향상된다는 사실이다. 신경을 꺼라. 생각이 끓어오를 시간을 줘라. 하룻밤 자며 생각해라. 잠을 자면 사고가 재편성된다.

빈둥거리는 시간을 규칙적으로 보내게 하면 아이의 창의성이 커질 수 있다. 창의성은 속도를 늦출 때 발휘된다. 즉흥적이고 획기적인 아이디어를 내려면 다양한 경험을 하고 그 경험을 활용할 줄 알아야 한다. 실패해도 좌절하지 않고 교훈을 얻는 사람은 주변에서 일어나는 사건과 문제 상황을 정확히 인식할 수 있다. 그뿐 아니라 실패의 경험을 활용해 창의적인 방법을 고안해낸다.

즉흥성과 독창성을 살려라

창의성을 깨우는 과정은 불을 피우는 과정과 비슷하다. 가끔 환한 불꽃이 튀기도 하지만, 대부분은 계속 숨을 불어넣어야 한다. 학습의 능률을 높이는 규칙적인 일과와 도전적이고 흥미로운 문제를 심사숙고할 기회를 더 많이 제공할수록, 아이는 실패의 경험에서 좌절이 아닌 배움을 얻는 사람이 된다.

독창성은 어떤 사물이 다른 상황에서는 어떻게 쓰일 수 있는지 생각하는 능력이다. 아이에게 "이것과 비슷한 것은 무엇일까?", 또는 "다른 상황에서는 이것을 어떻게 사용할 수 있을까?"라고 물어라. 대상을 주의 깊게 살피고 자기 자신을 인식하며 유연하게 사고하는 능력을 키울 수 있다.

아이의 뇌에 훌륭한 생각을 불어넣어라. 아이가 본보기와 창조의 발판으로 삼을 수 있도록, 창의적이고 독창적인 발상을 한 위인들의 사례를 찾아라. 때로는 다른 분야의 사고방식을 이용해 아이디어를 얻을 수도 있다. 메르세데스 벤츠는 새로운 경차를 개발하기로 했을 때 자동차 디자이너를 고용하지 않고 시계 제조사 스와치에 자문을 구했다. 그리고 두 회사는 새로운 경차 '스마트'를 함께 개발했다.[6]

즉흥성은 지식을 전환하는 능력이다. 즉흥적으로 사고하는 사람은 '이것을 어떻게 달리, 또는 어떤 다른 곳에 사용할 수 있을까?'를 자신에게 묻는다. 이 질문만으로도 즉흥적인 사고를 촉진할 수 있다.

당연하지만 훌륭한 재즈 음악가와 요리사는 즉흥적인 사고에 능하다. 즉흥적인 사고는 엄청난 성공으로 이어질 수 있다. 바퀴와 가방을 조합해 바퀴 달린 여행용 가방을 만든 사람은 대박을 터트렸다. 아보카도를 먹어 보고 '이 위에 새우를 몇 마리 올리면 꽤 맛있겠는데?'라고 생각한 사람 역시 큰 성공을 거뒀다. 즉흥적인 사고의 전환은 서로 다른 상황이나 문제들 간의 공통점을 파악하기 위해 표면적인 특징의 이면을 들여다볼 때 이뤄진다.

어떤 생각을 할 때는 항상 그 생각이 또 다른 상황에서 어떻게 쓰일 수 있을지 깊이 생각해라. 어느 제약 회사가 혈압을 낮추는 미녹시딜이라는 약을 출시했다. 그런데 이 약은 혈압을 낮추기는 했지만, 중요한 부작용을 일으켰다. 발모를 촉진한 것이다. 현재 이 약은 혈압을 낮춰야 하는 사람보다 머리가 벗어지기 시작하는 남자들이 더 많이 복용한다.[7]

어느 제조업자가 추운 날씨에 농작물에 물을 뿌리는 기계를 만들었다. 불행히도 이 기계는 실패했다. 분무된 물보라가 얼어 농작물이 모두 얼어버린 것이다. 또 다른 제조업자는 이 기계로 스키장에 뿌릴 눈을 만들어 떼돈을 벌었다.[8]

유연한 사고력은 독창성과 즉흥성의 기초가 된다. 유연한 사고력을 개발하는 한 가지 방법은 사물을 다양한 시점으로 그리게 하는 것이다. 바닥에 둔 물건을 의자 위에서 내려다보면서 그리게 해라. 그다음 밑에서 올려다보면서 그리게 해라. 새의 시점으로, 또는 헬리콥터에서 내려다보며 도시를 그리거나 물고기의 시점으로 연못을 그리는 상상을 하게 해라.

또한 온 가족이 주사위를 굴려 이야기 만드는 게임을 하면 다양한 관점으로 사물을 보는 법을 즐겁게 가르칠 수 있다. 다음의 표에 나온 바와 같이, 주사위를 굴려 나온 숫자에 따라 이야기의 구성 요소를 정하는 놀이다.

주사위를 굴려 이야기 만들기

1. 장르	2. 정서	3. 상황	4. 장소	5. 내가 맡은 인물의 성격
1. 서부극	1. 사랑	1. 고난	1. 침몰하는 배	1. 신경질적이다
2. 로맨스	2. 증오	2. 기회	2. 흉가	2. 우울하다
3. 공포물	3. 배신	3. 애정 어린 지원	3. 파티장	3. 악독하다
4. 코미디	4. 욕구	4. 갈등	4. 영화관	4. 엉큼하다
5. 모험물	5. 탐욕	5. 질투	5. 열기구	5. 낭만적이다
6. 드라마	6. 놀라움	6. 무자비하고 교활한 악인의 등장	6. 폭주하는 열차	6. 감상적이다

먼저 한 사람이 주사위를 굴려 이야기의 장르와 정서, 배경을 정해라. 그다음 모두 한 번씩 굴려 자기가 맡은 인물의 성격을 정해라. 이를 바탕으로 상상력을 발휘해 각각 따로, 또는 공동으로 이야기를 만들어라.

새로운 방식으로 묘사하라

창의적인 생각은 복권 추첨 상자 속에서 덜거덕거리며 이리저리 튕기는 탁구공들과 같다. 어떤 생각이나 공이 어떤 순서로 나올지는 누구도 알 수 없다. 레고 상자를 잠시 흔들어 안의 블록을 뒤섞어보자. 이때의 상자 속은 생각이 연결되고 분해되는 과정이 반복되는 아이의 머릿속과 같다.

아이의 창의성을 개발하려면 정답에 버금가는 또 다른 답을 찾게 해

라. 레오나르도 다빈치는 어떤 문제를 바라볼 때 제일 먼저 떠오르는 관점은 평상시의 시각을 너무 많이 반영하기에 창의적이지 않다고 믿었다. 플라톤은 8개의 질문에 하나의 답을 하기보다, 하나의 질문에 8개의 답을 하는 것이 낫다고 말했다.

주사위를 굴려 차량을 설계하는 게임도 유연한 사고를 촉진하는 가족용 주사위 놀이다. 부모와 자녀가 함께 사고의 유연성을 키우는 게임으로, 규칙은 조금씩 다르게 적용할 수 있다. 부모와 아이가 각자 주사위를 한 번씩 굴려 차량이 이동하는 길과 동력원, 용도를 차례대로 정해라. 그런 다음 실제로 그런 차를 설계해라.

주사위를 굴려 차량 설계하기

이동하는 길	동력원	용도
1. 공중	1. 휘발유	1. 스포츠용
2. 물 위	2. 원자력	2. 군용
3. 땅	3. 메탄가스	3. 탐험용
4. 우주 공간	4. 제트 추진 장치	4. 개인용
5. 산	5. 말	5. 데이트용
6. 물속	6. 증기	6. 가축 수송용

아이는 우주 공간을 이동하며 말이 끄는 데이트용 차량을 설계하고, 부모는 물 위를 이동하며 메탄가스로 움직이는 스포츠용 차량을 설계하는 장면을 상상해보라. 틀림없이 재미있는 경험이 될 것이다.

생각을 붙잡아 활용하라

어떤 사람들은 눈앞에 있는 것을 보며 '왜 이렇지?'라고 말한다.

나는 눈앞에 없는 것을 꿈꾸며 "왜 안 되지?"라고 말한다.

– 로버트 F 케네디(조지 버나드 쇼의 말을 인용)

항상 어떤 식으로든 자신의 생각을 붙잡게 해라. 기발한 생각을 붙잡을 줄 모르는 것은 연못에 물고기가 가득한데도 잡지 못하는 것과 같다.

사람들은 어떤 일이 불가능한 이유를 말하느라 엄청난 에너지를 허비한다. 그런 말은 무시해라. 문제가 해결됐더라도 창의적인 사고를 멈추지 마라. 스티브 잡스는 아이팟을 개발하고 나서도 생각을 멈추지 않았다.

아이의 창의성을 개발하고 상상력을 끌어내려면, '~을 하면 어떻게 될까?'라는 질문을 아이 스스로 계속하게 해라.

아이의 창의력과 상상력을 키우는 활동

2~4세

- 놀아라.
- 경험과 연관성에 집중해라.
- 아이의 질문에서 더 광범위한 질문을 끌어내라.
- 세상을 관찰하며 아름다움을 발견해라.
- 요정이 살 정원을 만들어라.
- 양말로 인형을 만들어 인형극을 상연해라.
- 모래 상자에 작은 집과 자동차, 나무를 배치해 마을을 세워라.
- 집 안에서 텐트를 쳐라.

5~7세

- 아이에게 너는 이미 창의적이라고 말해라.

- 아이의 호기심을 키워라.
- 집 안에 창작의 공간을 만들어라.
- 아이가 지저분하게 놀아도 당황하지 마라. 잠재력이 항상 깔끔하게 발휘되는 것은 아니다.
- 창의성을 자극하는 곳에 아이를 데려가라.
- 아이에게 창의적인 모습을 보여줘라.
- 전자기기를 모두 끄고 셔닐 스틱으로 탑을 쌓는 등 아이와 함께 무언가를 만들어라.
- 아이가 만들기를 할 수 있다면 오후 시간을 '공작 시간'으로 정해라.
- 휘파람 부는 법 배우기
- 손가락 튕기는 법 배우기
- 리코더 연주하기
- 탭댄스 추기
- 암호로 편지 쓰기
- 투명 잉크로 편지 쓰기
- 마술 묘기 부리기
- 수정 만들기
- 팔찌 만들기
- 종이 반죽으로 가면 만들기
- 사금 채취하기

8~11세

- 코미디 쇼, 특히 서로 다른 개념을 우스꽝스럽게 연결하는 쇼를 보여 줘라.
- 사람들이 흔히 관심을 두는 사안을 주제로 가능성이 있고 창의적인 해결책을 함께 찾아라.
- 즉흥적인 춤이나 연극, 미술과 음악 활동을 권장해라.
- 도움을 주되 때로는 아이가 혼자 힘으로 무언가를 만들도록 한 걸음 물러서라.
- 가면, 지도, 인형극용 인형, 장난감, 공예품, 태피스트리, 도자기, 음악, 미술품을 만들고 시를 짓게 해라.
- 무대에 서는 것을 좋아하는 아이도 있고 싫어하는 아이도 있다. 이 경험이 아이의 창의성에 득이 될지 실이 될지 판단해라.
- 아이가 무언가를 만들 때는 무조건 즐겁게 하게 하고, 어떤 결과물이 나오든 평가하지 말고 함께 즐겨라.
- 유도
- 도자기 공예
- 스노클링
- 곡예 기술 배우기

12~18세

- 아이의 창의성과 독창성을 인정해라.

- 미술품, 악곡 연주, 축제, 연극, 영화, 오페라 관람
- 작곡, 시 짓기, 그림 그리기, 폐품으로 예술 작품 만들기
- 즉흥적이고 실험적인 곡 연주하기
- 즉흥 연기 시합에 참여하기
- 풍자만화 그리고 만화책 만들기
- 조각품을 도안하고 만들기
- 해양 생물학 배우기
- 코미디 쇼를 보거나 웃긴 이야기 쓰기
- 초현실적인 그림 그리기

11장

정보처리 능력:

핵심을 파악해 정리하고 조합하는 능력 키우기

모든 학생의 내면에는 총명한 아이가 갇혀 있다.

– 마르바 콜린스

아이의 머릿속은 옷장과 같다. 옷장 속은 대부분 뒤죽박죽이다. 양말과 셔츠가 뒤섞여 있고 고리에 걸려 있어야 할 코트가 바닥에 나동그라져 있다.

천재는 시간을 낭비하지 않는다. 필요할 때마다, 또는 정기적으로 꺼내 쓰고 다른 지식과 연결할 수 있도록 아는 지식을 체계적으로 정리한다.

지금은 정보 과잉의 시대다. 현대인은 대부분 쏟아지는 정보에 압도된다. 정보가 쏟아지면 뇌의 일부분, 즉 과로를 싫어하고 늘 생존을 위협받지 않는 편안한 상태로 되돌아가고 싶어 하는 렉스는 산만해지거나 짜증을 낸다. 이런 상태에서는 똑똑한 아이조차 지식을 만들어내기보다 수동적으로 받아들이게 된다.

머릿속의 생각을 체계적으로 정리하는 능력은 지식의 핵심을 파악하고, 지식을 저장하고 검색하는 능력뿐 아니라 창의력에도 영향을 미친다. 머릿속의 생각을 쉽게 꺼내 쓰지 못하면 그 생각을 새로운 방식으로 조합할 수도 없기 때문이다.

수없이 많은 정보가 우리의 관심을 끌려고 아우성치는 어지럽고 분주한 세상에서는, 아이뿐 아니라 부모도 정보를 분별하는 안목을 키워야 한다.

영감을 주는 생각으로 가득 찬 뇌는 놀라운 능력을 발휘한다. 머릿속을 잡동사니로 채우면 어떻게 될지는 당신의 상상에 맡기겠다. 아이의 머릿속을 좋은 생각으로 채우려면 최고의 사상과 책, 영화, 음악, 활동을 경험하게 해야 한다.

아이의 머릿속을 정리하는 열 가지 방법

1_ 일주일에 하루는 온 가족이 전자기기를 사용하는 시간을 최소화해라.

2_ 가족끼리 식사할 때 적어도 하루에 한 번은(가능하면 더 자주) 전자기기를 꺼라.

3_ 매일 밤 정해진 시간 이후에는 인터넷 접속이 차단되도록 공유기나 보안 시스템을 설정해라.

4_ 대화 중에는 소셜 미디어를 절대 확인하지 않게 해라. 누군가와

있으면 그 사람에게 집중하는 연습, 현재에 집중하는 연습을 시켜라.

5_ 사건뿐 아니라 생각을 주제로 대화하려고 노력해라. 오늘 하루가 어땠는지만 묻지 말고 아이가 품고 있는 거창한 계획이나 생각을 물어라.

6_ 언론은 세상을 부정적인 시각으로 본다는 사실을 명심해라. 뉴스는 세상에서 가장 선정적이고 부정적인 소식을 전한다. 뉴스를 보고 괴로워하거나 뉴스에 집착하는 아이들도 있으니 아이에게 뉴스를 보여줄지 말지 신중하게 고민해라.

7_ 상업 광고는 될 수 있으면 보여주지 마라.

8_ 아이들은 불안할 때 문제를 반복적으로 되새긴다는 사실을 명심해라. 아이와 선택 가능한 방법들을 살펴보고, 의사결정 모델인 PICCA(7장 참고)를 이용해 선택한 방법을 실행에 옮기게 해라.

9_ 아이와 함께 순간에 집중할 수밖에 없는 활동을 해라. 공을 던지고 받거나 숫을 쏘거나 저글링을 하거나 파도를 타거나 스키를 타면서 딴생각을 하기는 어렵다.

10_ 함께 동화책을 읽거나 영화를 봤다면 아이에게 이야기의 주제나 가장 중요한 메시지에 대한 의견을 물어라.

실제로 사용할 순서대로 정보를 습득하게 하라

열두 달을 차례대로 말하라고 하면 누구나 쉽게 말할 것이다. 하지만 알파벳순으로 말하라고 하면 잠시 머리를 쥐어짤 것이다.

아이에게 무언가를 가르칠 때는 아이가 그 정보를 쓰길 바라는 순서대로 가르쳐라. 예를 들어 아이가 학교에서 먹을 도시락을 싼다면 먹을 순서대로 싸게 해라. 오전 쉬는 시간에 먹을 간식, 점심에 먹을 샌드위치, 후식으로 먹을 과일과 음료 순으로 싸게 해라.

배움의 사다리를 이용한 역순 학습

새로운 지식을 습득하는 가장 좋은 방법 중 하나는 역순으로 배우는 것이다. 배움의 사다리를 이용한 역순 학습은 지식을 체계적으로 기억하는 데 매우 효과적인 방법이다. 배움의 사다리라는 말을 처음 들어본 사람이 많을 텐데 아마도 다들 경험해봤을 것이다. 신발 끈 묶는 법을 대개 이 방식으로 배우기 때문이다.

신발 끈 묶는 법을 처음에 어떻게 배웠는지 기억나는가? 아마 누군가가 고리를 2개 만들어주면서 당신더러 그 두 고리를 묶어보라고 했을 것이다. 당신이 두 고리를 묶을 수 있게 되면, 고리를 하나씩 차례대로 만들게 했을 것이다. 이렇게 각 단계를 역순으로 배운 끝에 결국 당신은 끈을 혼자 묶을 수 있게 됐을 것이다.

당신에게 신발 끈 묶는 법을 가르쳐준 사람은 아주 영리한 전략을 사용한 것이다. 끈을 묶는 법을 완전히 터득하기 전에 단계마다 혼자 해냈다는 성취감을 느끼게 해주지 않았는가. 아이에게 개를 씻기는 임무를 온전히 맡기기 전에, 목욕을 마친 개를 빗기거나 말리게 하는 것도 바로 이런 이유 때문이다.

배움의 사다리는 신발 끈을 묶거나 개를 씻기는 법뿐 아니라 고차원적인 학습에도 적용할 수 있다. 아이에게 절차와 과정, 문제를 해결하는 법을 가르칠 때도 쓸 수 있다.

수학 문제를 풀거나 에세이를 쓰는 과제처럼 다섯 단계로 이뤄진 과제를 예로 들어보자. 우선 다음과 같이 각 단계의 개요를 설명해라.

그다음 앞의 네 단계를 설명하고 마지막 단계는 아이가 풀게 해라.

1
2
3
4
?

나머지 단계도 같은 방식으로 진행하면 된다.

1	1	1	1	1	?
2	2	2	2	?	?
3	3	3	?	?	?
4	4	?	?	?	?
5	?	?	?	?	?

그림에서처럼 먼저 다섯 단계를 모두 보여주고, 그다음에는 처음 네 단계만 보여준 뒤에 마지막 단계를 풀게 하고, 또 그다음에는 처음 세 단계만 보여준 뒤에 마지막 두 단계를 풀게 하는 식으로 진행해라. 아이가 풀어야 할 단계를 역순으로 하나씩 늘리는 것이다.

배움의 사다리를 이용하면 좋은 에세이를 쓰거나 연주를 하거나 과학 실험을 하거나 수학 문제를 푸는 것과 같은 활동에는 순서가 있다는 사실을 가르칠 수 있다.

또한 문제를 해결하기 위해 거쳐야 하는 단계들을 대략 파악하면 '제일 먼저 이것을 하고, 그다음에는 이것을 하고…'와 같이 머릿속으로 순서를 그릴 수 있게 된다. 목표 달성에 필요한 단계를 꼼꼼히 파악해 자기 자신에게 설명할 수 있는 아이들은 특히 과학 과목에서 더 좋은 성적을 받는다.[1]

배움의 사다리로 문제의 개요를 유형별로 파악하는 연습을 하면, 패턴을 인식하는 능력을 키울 수 있다. 이 연습을 한 아이들은 표현하는 방식은 달라도 같은 주제를 다루는 문제가 나올 때 쉽게 알아차린다. 예를 들면 다음과 같다.

문제 1

새가 다섯 마리 있었다. 세 마리가 날아갔다. 몇 마리가 남았나?

5-3=?

문제 2

새가 몇 마리 있었다. 세 마리가 날아가고 두 마리가 남았다. 처음에 몇 마리가 있었나?

?-3=2

문제 3

새가 다섯 마리 있었다. 몇 마리가 날아가고 두 마리가 남았다. 날아간 새는 몇 마리인가?

5 - ? = 2

문제 4

열 마리 이내의 새가 있었고 몇 마리가 날아갔다. 남은 새는 두 마리다.

- 처음에 있었던 새의 수는 몇 마리로 추측할 수 있는가?
- 날아간 새의 수는 몇 마리로 추측할 수 있는가?
- 가능한 조합은 모두 몇 가지인가?
- 가능한 조합들 사이에 패턴이 존재하는가?

분류하기

아이들은 아주 어릴 때부터 모양과 크기, 색깔, 질감 등 여러 가지 기준에 따라 사물을 분류하고 개념을 범주별로 나누는 법을 배울 수 있다. 예를 들어 '선크림, 눈, 서리, 축구, 꽃, 더운 날, 벽난로' 중에 어떤 개념이 겨울의 범주에 속하는지 안다.

아이가 개념을 범주별로 분류할 수 있게 되면, 2개 이상의 범주를 벤다이어그램을 이용해 비교하는 단계로 넘어갈 수 있다.

벤 다이어그램

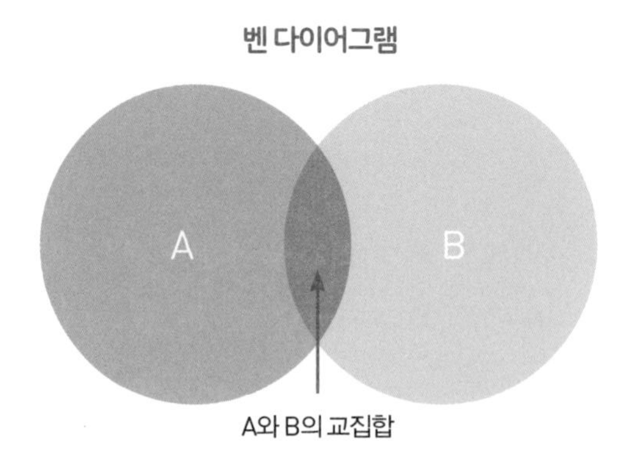

벤 다이어그램: 기린과 개

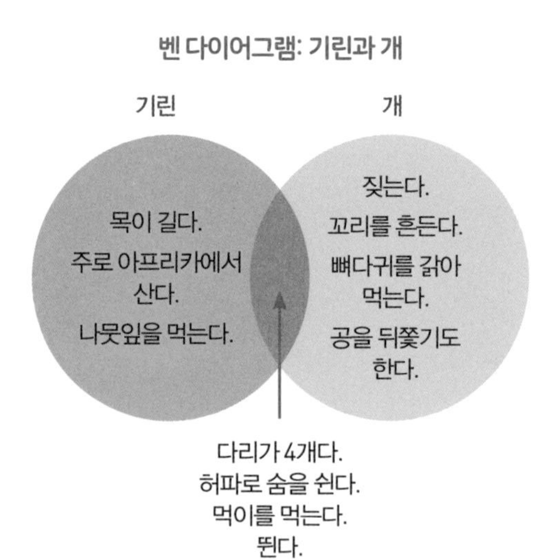

아이에게 벤 다이어그램을 가르치려면 2개(또는 그 이상)의 개념을 골라 두 개념이 어떻게 다르고 어떻게 같은지 파악하게 해라. 예를 들어 개와 기린은 둘 다 다리가 4개고, 허파로 숨을 쉬고, 먹이를 먹고, 뛰어다닌다. 그리고 짖고 꼬리를 흔들고 뼈다귀를 갉아먹는 것은 개의 특징이고,

목이 길고 주로 아프리카에서 사는 것은 기린의 특징이다.

이를 아이에게 알기 쉽게 보여주려면 훌라후프를 활용해라. 훌라후프 몇 개를 벤 다이어그램 모양으로 바닥에 깔아놓고, 종이에 하나씩 생각을 적거나 사진을 붙인 뒤, 그 종이들을 훌라후프의 각 구획에 분류해 넣어라. 그다음 완성한 훌라후프 벤 다이어그램을 종이에 옮겨 그리게 해라.

유사점과 차이점을 파악하는 법을 배운 학생의 성적이 45%나 올랐다는 연구 결과만으로도 분류하는 법은 가르칠 이유가 충분하다.

효과적인 필기법

정보를 체계적으로 정리하는 가장 좋은 방법 중 하나는 필기다. 천재는 대부분 정보를 분류해서 보관하고, 저장하고, 정리하는 복잡한 체계를 따른다. 언뜻 보기에는 아무렇게나 한 것 같은 필기에도 나름의 체계가 있다. 천재는 자신의 관심사와 연관된 좋은 생각을 체계적으로 수집해 자신에게 유용한 방식으로 정리한다.

2001년부터 나는 전 세계의 선생님들과 함께 아이들의 학습을 도울 더 효과적인 방법을 찾는 '실용 지능 프로젝트'를 진행해왔다.[2] 다음의 필기법은 이 프로젝트의 논의를 바탕으로 도출됐다.[3]

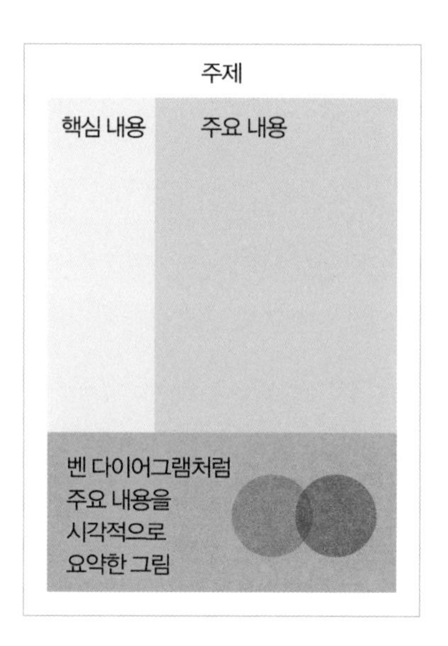

기본적으로 코넬식 필기법을 각색한 방법으로 맨 위에 주제를 적은 다음 노트의 한 면을 세 칸으로 나눈다.

1_제일 넓은 칸에는 주요 내용을 적는다.
2_왼쪽의 좁은 칸에는 주요 내용 중에서 가장 중요한 핵심 내용을 적는다.
3_맨 아래 칸에는 주요 내용을 시각적으로 요약한 그림을 그린다. 벤 다이어그램이 이상적이지만 개념도나 버블맵도 효과적이다.

어린아이들은 읽은 책의 내용을 이 필기법대로 정리하도록 지도하는 것이 좋다. 영화나 이야기, TV 쇼의 주된 내용을 파악하는 게임을 하면 요점을 집어내는 법을 가르칠 수 있다.

잡념을 일으키는 정보가 넘쳐나는 세상에서는 가장 중요한 정보에 집중하고 요점을 집어내며 핵심을 파악할 줄 아는 사람이 우위를 차지한다. 실제로 습득한 지식을 3개의 형식, 즉 주요 내용, 핵심 내용, 시각화한 그림으로 바꾸는 코넬식 필기법을 쓴 학생들은 그 지식을 더 오래 기억했다.

문제는 어떤 일의 능숙도를 80%까지 끌어올리려면 그 일을 24회 반복해야 한다는 사실이다.[4] 어떻게 해야 아이가 그만큼 반복하게 할 수 있을까? 지금부터 '손'을 이용해 아이의 기억력을 높이는 법을 살펴보겠다.

'요약의 손'을 이용한 반복 학습법

아이가 무언가를 배우면 '요약의 손'을 만들어 배운 내용을 요약하게 해라.

먼저 두꺼운 종이를 손 모양으로 오리게 해라(아주 어린 아이들은 부모가 대신 오려줘야 할 수도 있다). 그 종이 손으로 아이의 기억을 도울 '요약의 손'을 만들어라.

우선 종이 손의 한쪽 면에 특정 주제와 관련해 가장 중요한 정보 5개를 손가락마다 하나씩 적게 해라. 예는 다음과 같다.

- 가을의 다섯 가지 특징: 단풍, 기온의 하락, 가을비, 큰 일교차, 짧아지는 낮
- 미술사의 다섯 가지 사조: 르네상스 미술, 신고전주의 미술, 낭만주의 미술, 현대 미술, 동시대 미술

- 화학 반응의 다섯 가지 유형: 연소, 합성, 분해, 중화, 단순 및 중복 치환

손바닥 부분에는 벤 다이어그램을 그리거나 세부적인 내용을 간략한 형식으로 적게 해라.

요약의 손 뒷면에는 다음의 내용을 적게 해라.

- 아이의 이름
- 암기 여부를 확인하는 질문 2개
- 정말 어려운 질문 1개

어려운 질문에는 추가 점수를 배정하게 해라.

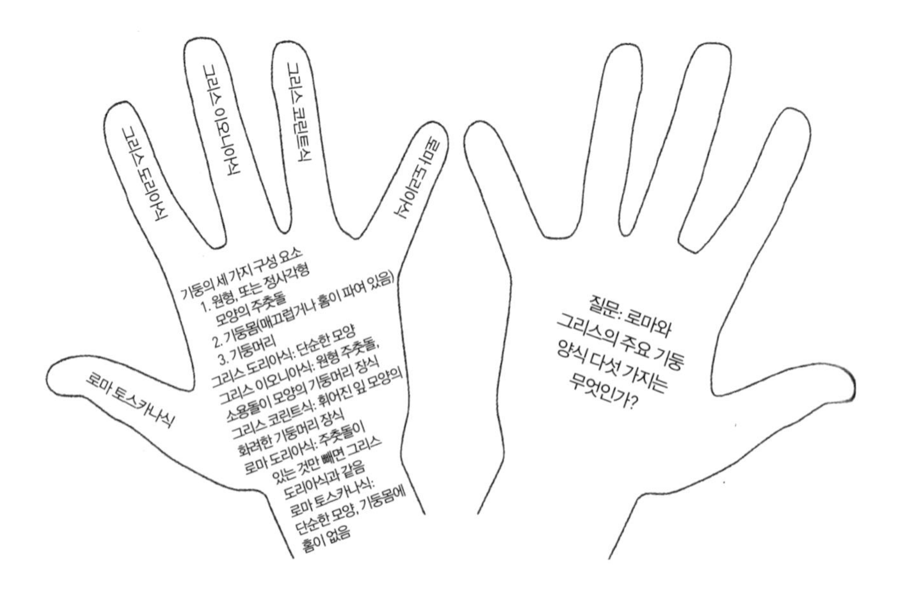

인내심을 가져라! 아이가 혼자 힘으로 제대로 된 요약의 손을 만들어 정보를 체계적으로 정리할 수 있기까지는 상당한 시간이 걸린다. 부모의 도움을 받아가며 몇 년에 걸쳐 익히는 것이 가장 좋다.

요약의 손은 핵심 개념을 이해하는 데 필요한 반복의 횟수를 크게 줄여주므로 모든 연령대의 아이들에게 효과적이다. 요약의 손을 활용하면 어린아이들은 생각을 더 잘 정리할 수 있고, 고등학생들은 주요 개념을 체계적으로 정리하고 복습하거나 시험공부를 더 효과적으로 할 수 있다.

때때로 요약의 손 뒷면에 적어놓은 질문에 답한 뒤 앞면의 정답을 확인함으로써 내용을 제대로 외웠는지 체크하게 해라.

> 대리석 덩어리를 하나 골라 필요 없는 부분을 깎아냅니다.
>
> – 프랑수아 오귀스트 로댕(누군가가 놀라운 조각품을 만드는 비결을 묻자)

화려하고 기억에 남는 필기

습득한 정보를 분해하고 정리하는 필기법은 아이의 기억력을 높이는 아주 효과적인 방법이다. 아이들은 재미없는 노트를 제일 싫어한다. 시선을 사로잡는 요소를 추가해 형형색색의 노트를 만들게 해라.

중요한 단어를 쓸 때는 눈에 띄도록 글자 크기를 다양하게 해라.

어떤 아이들은 불안한 마음에 수업 시간에 들은 내용을 모두 적고 싶어 한다. 그런 아이에게는 기호와 약자를 쓰는 법을 가르쳐라.

체계적 정리를 돕는 활동

2~4세

- 기상 의식이나 취침 준비 같은 일상생활의 절차를 가르칠 때, 절차마다 다른 색깔로 배움의 사다리를 그려라.
- 전자기기의 사용을 최소화하는 시간을 정해 계속 그 시간을 지켜라.
- 만물의 유사점을 강조하고 대화를 나눈 다음 차이점을 논해라.

5~7세

- 배움의 사다리로 이야기 쓰는 법, 신발 끈 묶는 법, 문제 푸는 법 등의 기본적인 기술을 가르쳐라.
- 훌라후프로 차이점과 유사점을 분류해 벤 다이어그램의 개념을 소개해라.
- 간단한 과학 실험을 하게 해라.
- 현미경으로 무언가를 관찰하고 그 내용을 기록하게 해라.

- 장난감 집 만들기
- 실로폰 연주하기

8~11세

- 배움의 사다리를 이용해 결정을 내리는 법을 가르쳐라.
- 필기하는 법을 가르쳐라. 아이의 선생님이 다른 방법을 쓰고 있다면 이 책의 방법을 공유해라.
- 베티 에드워즈Betty Edwards의 《오른쪽 두뇌로 그림 그리기Drawing on the Right Side of the Brain》를 교재로 삼아 관찰하고 그리는 기술을 연습하게 해라.
- '요약의 손'을 만들어 주요 내용 요약하기
- 이야기나 TV 쇼, 영화, 그림책의 요점이나 메시지를 파악하는 게임
- 간단한 목공예
- 어린이용 조립용 자동차 만들기
- 첼로, 바이올린, 피아노, 기타 연주하기
- 과학 수사 게임
- 두뇌 퍼즐 풀기
- 펑크 난 자전거 바퀴 고치기
- 사고력 퍼즐 풀기
- 만찬, 간단한 식사, 장보기, 휴가, 생일파티, 주간 일정 등 계획하기

12~18세

- 이 시기의 어떤 아이들은 필기법을 배울 필요가 없다고 착각할 수 있지만, 그래도 다시 가르쳐라.
- 아이가 "휴대전화로 칠판을 찍으면 돼요"라거나 "다 기억할 수 있어요"라고 말해도 수긍하지 마라. 손으로 적은 기록이 훨씬 강력한 효과를 발휘한다.
- 상상 이상으로 재미있는 방식으로 필기하게 해라.
- 벤 다이어그램을 이용해 명확히 사고하도록 도와라.
- 6장에서 다룬 것과 같은 도표를 만들게 해라.
- 요약의 손을 만드는 법, 그리고 시험공부를 할 때 그 손을 활용하는 법(12장)을 가르쳐라.
- 아이와 트레킹과 하이킹, 캠핑을 해라.
- 선의의 비판자를 내세운 토론에 참여시켜라.
- 간단한 기계역학을 가르쳐라.
- 인터넷에서 얻은 정보가 거짓말이나 사기가 아닌지 입증하는 법을 가르쳐라.
- 두뇌 퍼즐 풀기

12장

기억력:

시험을 잘 볼 수 있도록 기억력을
높이는 몇 가지 습관

나는 내가 기억하는 순간부터 기억을 잊어버렸다.

– 스티브 라이트(스탠드업 코미디언)

원주율의 소수점 아래 50번째 자리까지 줄줄 말하거나 엄청나게 큰 숫자를 암산하는 사람은 드물다. 카드 게임을 할 때 카드의 순서를 다 외울 수 있는 사람은 아마도 전 세계 대다수의 카지노에서 쫓겨날 것이다. 이미 큰 돈을 번 뒤라면 다행이지만.

말 그대로 손가락 하나만 까딱해도 엄청난 양의 정보를 얻을 수 있는 요즘 세상에 무언가를 기억하려고 애쓰는 사람은 많지 않다. 계산기가 인류의 위대한 평등화 장치이듯, 인터넷은 인류에게 주어진 역사상 가장 위대한 도서관이다. 하지만 기억력은 지능과 아주 밀접한 관계가 있다. 따라서 부모는 아이의 잠재력을 끌어내기 위해 아이의 기억력을 높이고자 노력해야 한다.

정보를 기억하는 전략을 성공적으로 구사하는 아이들은 더 쉽게 배우고 공부하고 시험을 본다. 학업은 어떤 직업보다 높은 기억력을 요구하지만, 안타깝게도 학생들에게 기억력 훈련 기술을 가르치는 학교는 극히 드물다.

집중력과 함께 아이의 학업 성적을 좌우하는 가장 큰 변수는 아마 기억력일 것이다. 의욕을 높일 때처럼 기본적인 전략을 몇 가지만 가르쳐도 아이의 기억력과 성적을 높일 수 있다.

자기 직전에 공부하라

누구나 잠자리에 들기 전에 한 일을 제일 잘 기억한다. 자기 직전에 읽거나 공부한 내용은 모두 꿈속에서 처리되고, 기억은 꿈속에서 강화된다.[1]

영화나 연극의 대본을 외우는 배우들을 도울 때, 나는 자신의 대사를 직접 읽어 녹음한 파일을 잠들기 전에 듣게 한다. 성적을 올리고 싶어 하는 학생들을 도울 때도 같은 전략을 쓴다. 암기해야 할 요점을 녹음한 음성 파일을 잠들기 직전에 들으면 그 내용을 기억할 가능성이 커진다.

학교에서는 그룹을 짜 주제별로 한 사람씩 돌아가며 녹음하게 한다. 이렇게 하면 자기 전에 배운 내용을 복습할 수 있을 뿐 아니라 각 주제를 특정한 사람의 목소리와 연결할 수 있다. 따라서 공부를 하고 친구와 통화한 뒤에 자면 안 된다. 기억력 강화 효과를 극대화하려면, 먼저 통화하고 공부한 뒤에 자야 한다.

아이를 재우기 전에는 항상 사랑한다고 말해야 하고, 배우자와 싸운 채로 잠들면 절대 안 되는 것도 바로 이 때문이다.

포도당을 추가로 섭취하라

시험을 보거나 평가용 과제를 하기 20분 전에 추가로 포도당을 섭취하면 기억력이 높아진다.[2] 아이가 추가로 포도당을 섭취해도 의학적으로 안전하다면 포도당 알약을 구입해 먹이는 것도 나쁘지 않다. 젤리빈을 몇 개 먹어도 효과가 있다.

미주신경을 자극하라

기억을 강화하는 또 다른 방법은 미주신경, 즉 뇌간과 복부 및 다수의 장기를 연결하는 뇌 신경을 자극하는 것이다.[3] 한의사 동료들이 알려준 바에 따르면 미주신경의 지압점은 목 뒤 오목하게 들어간 부분에 있다. 따라서 목 뒤를 문지르면 미주신경을 자극할 수 있다. 미주신경을 자극하는 또 다른 방법은 심호흡으로, 이 방법을 쓰면 긴장도 풀 수 있다! 무언가를 기억하고 싶을 때 직접 시험해보라.

미주신경의 위치

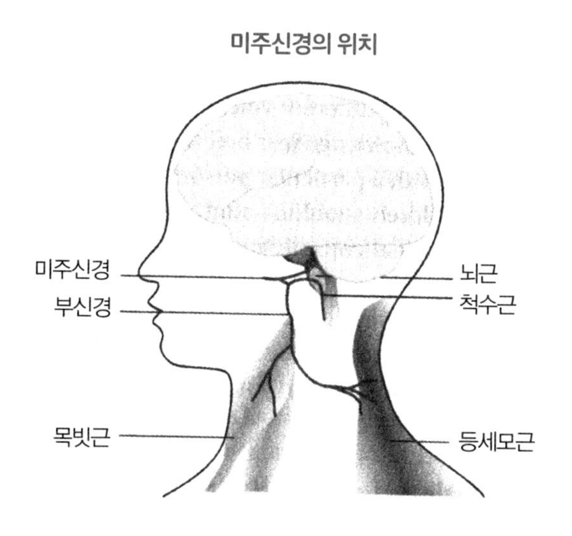

시각화하라

아이들은 말이나 소리보다 시각적인 정보를 더 잘 기억한다. 새로운 지식을 습득하거나 이해하도록 도울 때는 가능한 한 사진이나 순서도, 지도, 그림, 개요도를 추가해라.

공부 시간을 20분 단위로 쪼개라

일반적으로 다수의 정보를 기억하려고 노력할 때 처음 몇 개와 마지막 몇 개는 기억에 남지만, 그 사이의 정보는 잊힐 가능성이 매우 크다. 공부하

고 수업을 듣고 숙제하는 시간에도 같은 법칙이 적용된다.[4]

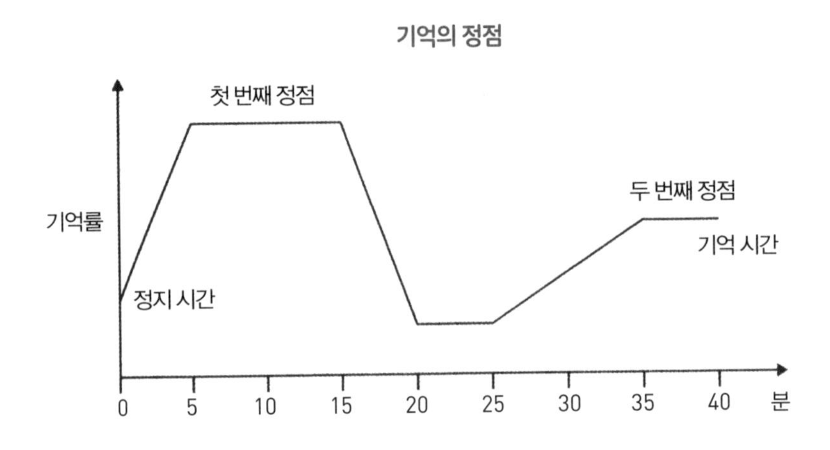

다수의 학교에서 수업을 듣는 학생들의 상태를 조사한 결과, 아이들은 수업이 시작되고 약 20분이 지나면 눈빛이 흐려지고 기억이 흐리멍덩해지기 시작했다. 그래서 선생님들은 흔히 수업 시간을 20분 단위로 쪼갠다.

가정에서도 기억력이 정점을 찍는 20분 단위로 학습 시간을 나누면 큰 효과를 볼 수 있다. 숙제를 몇 시간씩 힘겹게 붙잡고 있기보다는 20분 단위로 집중하거나 최소한 20분마다 과목을 바꾸는 방식이 더 효과적이다.

기억력을 극대화하려면 대략 20분마다 학습 방식을 바꿔라. 예를 들어 아이에게 20분 동안(시간은 아이의 나이와 관심사에 따라 조정해라) 책을 읽어준 다음, 읽은 내용이나 내용과 관련된 다른 생각을 주제로 대화를 나눠라.

적극적으로 참여하라

> 들은 것은 잊어버리고, 본 것은 기억만 되나, 직접 해본 것은 이해된다.
>
> – 공자

어떤 일에 적극적으로 참여할수록 아이가 그 일을 기억할 확률은 더 높아진다.[5]

기억의 피라미드에 따르면 당신은 내일 이 책에서 얻은 정보의 고작 10%만 기억할 것이다! 하지만 누군가와 이 책의 내용을 주제로 대화를 나누면 기억률이 50%까지 높아지고, 책의 정보를 이용해 실제로 아이를 돕기로 마음먹으면 90%까지 급증한다.

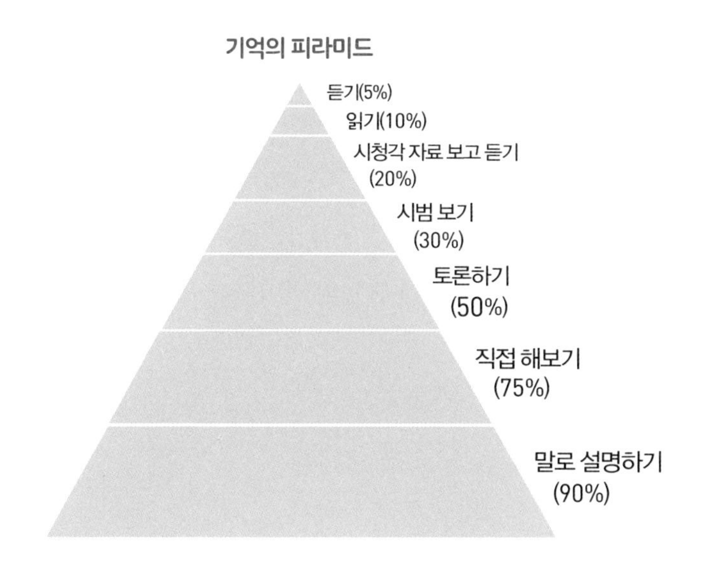

새로운 정보를 습득하는 한 가지 방법은 다음과 같다. 새로운 정보를 듣고, 그 정보를 도표로 그리고, 효과가 있는지 실천해보고, 성공할 때까지 더 많은 정보를 찾아본 다음, 최종적으로 그 정보를 타인에게 전하거나 가르쳐라.

기억의 피라미드는 아이가 부모의 말보다 부모의 행동과 행동하는 방식을 더 잘 기억한다는 사실도 보여준다.

이 때문에 모든 부모는 자신의 삶을 잘 사는 것이 무엇보다 중요하다. 인생은 흥미진진하고, 배움은 즐거우며, 성공은 노력해서 얻을 만한 가치가 있고, 어른의 삶은 즐거울 수 있다는 사실을 아이에게 몸소 보여줘라!

이름 외우기 달인의 BASE 기억법

1940년대, 뛰어난 기억술사 해리 로레인Harry Lorayne은 뉴욕의 한 클럽에서 관객들에게 감동을 안겨주었다. 그는 먼저 클럽의 모든 관객과 한 명씩 인사하며 이름을 알아냈다. 그리고 쇼가 시작되자 관객들을 모두 일어나게 한 다음 한 명씩 지목해 이름을 맞힌 뒤에 다시 자리에 앉혔다.[6]

다양한 기억법을 썼지만 그가 주로 쓴 방법은 자신이 개발한 BASE 기억법이었다. BASE는 다음 네 단어의 약자다.

- Big(크게 상상하라)
- Active(움직인다고 상상하라)
- Substitute(대체하라)

❹ Exaggerate(과장하라)

BASE 기억법으로 무언가를 외울 때는 암기할 대상을 실제보다 크고 과장되게 상상하고, 그 대상이 움직이는 모습을 마음속에 그리고, 그 대상을 다른 무언가로 대체해야 한다.

예를 들어, 퇴근할 때 시장에 들러 생선을 살 계획이라고 해보자. 옆자리에는 거대한 물고기를, 뒷자리에는 파닥거리는 수천 마리의 작은 물고기를 태운 채로 퇴근하는 모습을 상상할 수 있다. 또는 외출할 때 우산을 꼭 챙기고 싶다면, 거대한 우산으로 문을 여는 장면을 상상할 수 있다.

해리는 자신이 '대체 단어 체계'라고 부르는 방법, 즉 발음을 이용한 연상법으로 이름을 외웠다. 상대의 얼굴에서 두드러지는 특징들을 조합해 기억하기 쉽도록 우스꽝스러운 이미지를 만드는 방법이다. 이 방법으로 이름을 기억하는 다섯 단계는 다음과 같다.

1_상대의 이름을 확실히 듣는다.
2_속으로 그 이름의 철자를 하나씩 짚는다.
3_상대의 이름에 관해 언급한다.
4_대화 도중에 상대의 이름을 부른다.
5_작별 인사를 할 때 상대의 이름을 부르고 상대의 얼굴에서 두드러지는 특징 하나와 이름을 연결짓는다.

로레인은 성姓을 의미상 3개의 범주로 나눴다.

- 확실하거나 고유한 뜻을 지닌 이름: 예컨대 보먼(Bowman, 활잡이), 스완(Swan, 백조), 애벗(Abbot, 수도원장), 프리스틀리(Priestley, 사제)
- 유명인이 연상되는 이름: 예컨대 베르사체, 포크너, 베라
- 뚜렷하게 연상되는 사람이나 뜻이 없는 이름: 예컨대 베넷, 볼드윈, 모렐로, 아카키예비치

마지막 범주에 속하는 이름은 발음이 비슷한 다른 단어와 연결짓는다. Bennett(베넷)은 'Ben it(벤-잇, 벤-그것)'이나 'Bin it(빈-잇, 와인 저장소-그것)'으로, Baldwin(볼드윈)은 'bald one(볼드-원, 머리가 벗어진 사람)'이나 'bald win(볼드-윈, 노골적인 승리)'으로 대체할 수 있다.

이상한 방법 같지만 정말 효과가 있다! BASE 기억법은 기억률을 높이는 좋은 전략이다. 해리의 기억법 중 몇 가지를 부모가 먼저 배워 아이에게 가르치면 아이의 밭에 성공의 씨앗이 뿌려질 것이다.

기억의 종류에 따른 기억법

기본적으로 기억은 순간 기억과 작업 기억, 장기 기억이라는 세 가지 유형

으로 나뉜다.

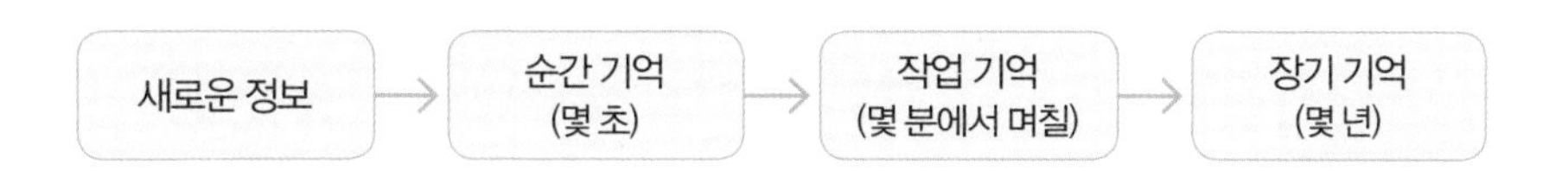

순간 기억

이 기억의 유지 시간은 5초를 넘기지 않으며, 기억에 담긴 정보가 쓰이지 않으면 빠르게 의식에서 사라진다.

인간이 순간 기억에 담을 수 있는 정보의 양은 거의 변하지 않는다. 기억의 일반적인 원칙에 따르면 인간은 한 번에 5~9개의 정보만 기억할 수 있다.

5세 이하의 아이들은 순간 기억에 담을 수 있는 정보의 양이 1~3개로 더 적다. 아이에게 무언가를 시킬 때는 '나이+1'이라는 경험적 법칙을 명심해야 한다. 지시하는 말에 포함된 단어의 개수가 아이의 나이에 '1'을 더한 수를 넘으면 안 된다는 뜻이다.

여섯 살짜리 아이에게 "유치원에 지각해서 당황하기 싫으면 꾸물거리지 말고 빨리 그 우유 마저 마시고 욕실에 가서 이 닦아"라고 말하면, 아이는 멍하니 쳐다보며 "네?"라고 할 것이다. 무려 15단어나 되니 당연한 일이다. 지시를 할 때는 문장을 분해해 한 번에 하나씩만 시켜라.

순간 기억에 담을 수 있는 정보의 개수가 평균적으로 7개라면, 다음과 같은 의문이 생길 것이다. '잠깐만, 그럼 왜 우리는 최소한 여덟 자리인 전화번호를 외울 수 있는 거지?' 정보를 더 작은 단위로 나누는 법, 즉 전화번호를 94913281로 외우지 않고 9491-32-81로 덩어리를 지어 외우는 법을 알기 때문이다.

덩어리 짓기는 일련의 글자를 외울 때도 도움이 된다. 예를 들어, 다음의 글자들을 무턱대고 외우게 하면 대다수는 애를 먹을 것이다.

F D R B B C C I A E U F B I U K J F K N Y C U S A

하지만 조금이라도 의미 있는 방식으로 덩어리를 지으면 훨씬 쉽게 외울 수 있다.

FDR

BBC

CIA

EU

FBI

UK

JFK

NYC

USA

아이들에게 덩어리 짓기를 적용할 때는 중요한 지시 사항을 작은 단위로 쪼개 전달해라. 예를 들어, 아이가 지도에서 케냐의 수도 나이로비를 찾게 하려면 먼저 지도에서 아프리카를 찾게 해라. 그런 다음 케냐를 찾게 하고 마지막으로 나이로비를 찾게 해라.

작업 기억

작업 기억은 쓸모가 있을 것 같긴 하지만 아직 장기 기억으로 전환되지는 않은 정보를 담는 공간이다. 생각을 조합하고 발전시키는 공간이기도 하다. 장을 보면서 사려고 했던 품목을 떠올릴 때도 작업 기억을 쓴다. 작업 기억의 공간을 늘리는 가장 효과적인 방법은 대상에 관심을 가지는 것이다.

아이들은 보통 작업 기억에 담은 정보를 5~10분 동안 유지한다. 10대 아이들은 흔히 10~15분까지 유지한다. 유지 시간을 늘리려면 해당 정보를 사용하는 방식이나 다른 정보와 연결하는 방식을 바꿔야 한다. 패러프레이즈paraphrase 기술을 꼭 익혀야 하는 이유가 바로 이것이다.

우리는 흔히 어떤 메시지의 요점을 기억하고 싶을 때 그 메시지를 더 쉬운 말로 분해한다. 즉, 패러프레이즈는 '다른 말로 바꿔 말하는' 것을 가리키는데, 이 기술을 쓰면 어떤 메시지든 요점을 집어낼 수 있다.

아이에게 패러프레이즈 기술을 가르쳐라. 이야기나 TV 쇼, 영화의 내용을 요약하게 해라.

신문 기사를 100단어로 요약한 다음 그 요약본을 다시 50단어로, 25단어로 계속 줄이게 할 수도 있다. '이야기의 주제를 10단어 이하로 말하기'와 같은 게임을 해도 좋다.

장기 기억

장기 기억은 꼭 기억해야 하는 중요한 정보를 저장하는 곳이다. 정보를 장기 기억에 저장하는 일을 처리하는 뇌 부위는 따로 있다. 덕분에 우리는 정보가 장기 기억에 저장될 때도 다른 일에 집중할 수 있다.

장기 기억에 정보를 담지 못하면 누가 내 가족이고 친구인지, 아침에 몇 시에 일어나야 하는지 매번 잊어버릴 것이고 무언가를 할 때마다 처음부터 다시 배워야 할 것이다.

장기 기억의 작동 방식과 관련해 알아야 할 중요한 사실 몇 가지는 다음과 같다.

❶ 단순한 반복은 장기 기억에 정보를 저장하는 최고의 방법이 아니다

필기한 내용을 단순히 여러 번 읽는 것은 시험에 대비하는 좋은 방법이 아니다. 정보를 효과적으로 외우려면 말은 그림으로, 그림은 말이나 소리로 바꾸는 등 정보의 형태를 변형해야 한다.

❷ 장기 기억에 정보를 저장하는 방식은 그 정보를 다시 꺼내는 방식과 다르다

어떤 정보를 장기 기억에 저장할 때는 다른 정보와의 유사점을 토대로 삼는다. 그러나 그 정보를 다시 꺼낼 때는 차이점이 근거가 된다.

예를 들어, 어릴 때 부모님이 애완견을 선물로 주셨다고 해보자. 애완견이 생겼다는 사실을 이해하고 기억하는 이유는 그 동물이 다리가 4개고 털이 있고 짖는 등 다른 개와 비슷해서다. 그런데 그 개를 잃어버려 동물

보호소에 찾으러 갔다고 해보자. 머릿속으로 개의 구체적인 생김새를 떠올릴 것이다. 다음처럼 다른 개와의 유사점에 주목하는 방식은 보호소에서 개를 찾을 때는 별 도움이 되지 않는다. '음, 보자…. 이 개도 다리가 4개 있고 짖고 냄새가 나는군.' 이럴 때는 다음처럼 다른 개와 구별되는 중요한 특징을 떠올려야 한다. '음, 보자…. 우리 개는 왼쪽 어깨에 검은 무늬가 하나 있고 꼬리가 말려 있어.' 개념을 형성할 때뿐 아니라 기억할 때도 그 개념의 '같지만 조금 다른' 면에 주목해야 한다.

어떤 정보를 습득하고 기억하고 싶을 때는 그 정보가 다른 정보와 어떻게 비슷하고 어떻게 다른지 인식해야 한다는 뜻이다.

❸ 정보를 장기 기억에 저장하는 데는 시간이 걸린다

새로운 지식을 습득하고 뇌가 그 지식을 장기 기억으로 전환하기까지는 몇 시간이 걸린다. 이는 특히 대학 입시를 준비하는 고등학생들에게 필수적인 정보다. 공부한 직후에 잠자리에 들면 공부한 내용이 장기 기억에 가장 효과적으로 저장되기 때문이다. 취침 직전의 몇 분은 장기 기억의 형성에 아주 중요한 역할을 한다(앞부분의 '자기 직전에 공부하라'를 참고하라).

정보를 기억하는 최고의 방법은 그 정보의 형태를 바꾸는 것이다. 말로 들은 정보는 그 내용을 그림이나 도표로 그려라. 목록과 약어, 표, 도표를 사용해 이전에 배운 내용과 새로운 정보를 연결해라. 성적이 좋은 학생들은 숙제만 하지 않고, 매주 일정 시간을 들여 필기한 내용을 기억하기 쉽게 다시 정리한다.

장기 기억을 강화하는 또 다른 방법들은 다음과 같다.

❶ 여정 기억법

레오나르도 다빈치는 장기 기억을 강화하기 위해 여정 기억법이라는 전략을 썼다. 아이가 10개의 정보를 외워야 한다고 해보자. 우선 너무 익숙해서 아이가 눈을 감고도 찾아갈 수 있는 장소들로 여정을 짜게 해라. 침실에서 화장실로, 다시 침실로 돌아오는 여정을 짤 수도 있다. 아이에게 아주 익숙한 여정이기만 하면 된다.

그다음, 그 여정에 속하는 지형지물 10개를 골라 기억하고 싶은 정보 10개와 하나씩 짝을 짓게 해라. 이렇게 하면 나중에 10개의 정보를 기억해내야 할 때 그 여정을 떠올리기만 하면 된다.

예를 들어 그리스의 철학자 10명의 이름을 외워야 한다면, 집에서 상점으로 가는 동선을 이용해 다음과 같이 연결할 수 있다.

지형지물	기억할 정보
1_대문 밖으로 나간다	아리스토텔레스
2_왼쪽 길로 간다	클레오메네스
3_소나무를 지나간다	디오게네스
4_버스 정류장을 지나간다	에픽테토스
5_오른쪽 길로 간다	에피쿠로스
6_길을 건넌다	플라톤

7_왼쪽 길로 간다 ·· 플루타르크
8_빵집을 지나간다 ·· 피타고라스
9_자전거 보관소를 지나간다 ························· 소크라테스
10_상점에 들어간다 ······································ 탈레스

열 가지의 잊지 못할 순간을 이용하는 방법도 있다. 예를 들어 나처럼 세 살 때 곰 인형을 받은 일을 잊지 못한다면, 아리스토텔레스가 곰 인형을 들고 있는 모습을 연상할 수도 있다.

❷ 걸이못 기억법

기억을 강화하는 또 다른 전략으로는 '걸이못' 기억법이 있다. 걸이못 역할을 할, 숫자와 관련된 10개의 단어를 익힌 다음 그 단어들을 이용해 정보를 외우는 방법이다(이 방법은 아이마다 유용하다고 하는 정도가 다르니 한번 시험해보라). 기억하고 싶은 정보를 걸이못 단어와 하나씩 연결해라. 걸이못 단어는 10부터 1까지 역순으로 말할 수 있을 정도로 완벽하게 익혀야 한다.

그런데 흔히 쓰는 걸이못 단어 중 몇 개는 너무 평범해 기억에 잘 남지 않는다. 부모의 취향과 아이의 나이를 고려해 다음에 제시된 평범한 단어 모음과 흥미로운 단어 모음을 골라 써라.

	평범한 걸이못 단어	흥미로운 걸이못 단어	외울 단어
원(One)	선(Sun, 태양)	범(Bum, 엉덩이)	아리스토텔레스
투(Two)	슈(Shoe, 신발)	푸(Poo, 응가)	클레오메네스
스리(Three)	플리(Flea, 벼룩)	위(Wee, 쉬)	디오게네스
포(Four)	포(Paw, 발)	고어(Gore, 핏덩이)	에픽테토스
파이브(Five)	자이브(Jive, 자이브 춤)	자이브(Jive, 자이브 춤)	에피쿠로스
식스(Six)	스틱스(Sticks, 나뭇가지들)	식(Sick, 토사물)	플라톤
세븐(Seven)	헤븐(Heaven, 천국)	헤븐(Heaven, 천국)	플루타르크
에이트(Eight)	에이트(Ate, 먹었다)	에이트(Ate, 먹었다)	피타고라스
나인(Nine)	샤인(Shine, 빛나다)	샤인(Shine, 빛나다)	소크라테스
텐(Ten)	헨(Hen, 암탉)	헨(Hen, 암탉)	탈레스

표에 있는 대로 연결하면, 아리스토텔레스라는 이름의 노인이 햇볕을 쬐며 앉아 있고, 그 근처에서는 에피쿠로스가 자이브를 추고, 탈레스가 암탉을 들고 있는 장면을 상상할 수 있다.

❸ 두문자어 기억법

두문자어는 각각의 글자가 서로 다른 정보를 상징하는 단어나 문장이다. '아주 똑똑한 나의 어머니가 우리에게 피자 아홉 판을 보내주셨다 My Very Educated Mother Just Sent Us Nine Pizzas'는 각 단어의 첫 글자가 행성의 첫 글자와 같아서, 이 문장을 기억하면 태양계의 아홉 행성을 모두 외울 수 있다. '착한 소년은 모두 과일을 먹을 자격이 있다Every Good Boy Deserves Fruit'는 오선五線의 다섯 음을 외울 때 도움이 된다(EGBDF). '에디가 다이너마이트를 먹었다. 잘 가, 에디Eddie Ate Dynamite Good Bye Eddie'라는 문장을 이용하면 기타 줄 6개의 음을 쉽게 외울 수 있다(EADGBE).

오토바이나 음악가, 공룡, 유명한 영화배우의 이름 등 아이가 어떤 분야에 관심이 있든 그 분야의 단어로 두문자어를 만들 수 있다.

의대생들은 'PEST OF 6'라는 문구로 머리뼈를 외운다. 각 글자는 머리뼈의 첫 글자고 숫자 6은 머리뼈가 모두 6개라는 사실을 상기시킨다.

- P : Parietal bone(마루뼈)
- E : Ethmoid bone(벌집뼈)
- S : Sphenoid bone(나비뼈)
- T : Temporal bone(관자뼈)
- O : Occipital bone(뒷머리뼈)
- F : Frontal bone(이마뼈)

화학을 배우는 학생들은 주기율표의 원소 1~11번을 다음의 문장으로 외운다.

Harry He Likes Beer By Cupfuls Not Over Flowing(해리는 잔이 넘치지 않게 따른 맥주를 좋아한다). 즉 Hydrogen(수소), Helium(헬

륨), Lithium(리튬), Beryllium(베릴륨), Boron(붕소), Carbon(탄소), Nitrogen(질소), Oxygen(산소), Fluorine(불소)를 순서대로 외울 수 있다.

❹ 중요성을 부각하기

장기 기억을 강화하는 황금 법칙은 그 기억의 중요성을 부각하는 것이다!

필기한 단어에 밑줄을 긋거나 강조하는 표시를 하게 하면 아이의 기억을 강화할 수 있다. 습득한 정보를 검토하고 요약하는 법을 알려주는 것도 좋다. 그리고 한쪽 면에는 질문을, 다른 쪽 면에는 정답을 적은 요약의 손을 만들어 스스로 암기 여부를 확인하게 해라(11장). 성적이 좋은 학생들은 과목마다 기억해야 할 정보를 자신의 목소리로 녹음해 수시로 재생하기도 한다.

특정한 환경에서 정보를 기억해내는 연습을 시켜도 아이의 기억력을 높일 수 있다. 아이가 시험을 볼 때 긴장을 많이 하면, 시험장과 비슷한 환경에서 공부한 내용을 떠올리는 연습을 시켜라.

시험을 더 잘 치르게 도와라

대부분 시험을 앞두고 어느 정도는 불안감을 느낀다. 불안감을 느끼는 것은 부분적으로 코르티솔의 혈중 농도가 높아지기 때문인데, 코르티솔은 기억력을 떨어트릴 수 있다. 시험을 볼 때 공부한 내용을 몽땅 잊어버린

듯한 기분이 드는 것은 이 때문이다.

코르티솔의 수치를 낮추려면 학습과 공부와 복습을 반복적이고 일상적으로 수행해야 한다. 정해진 시스템을 따르게 하면 아이의 불안감을 줄일 수 있다.

시험 보기 며칠 전에는 가능하면 두려운 마음을 종이에 적게 해라. 두려움을 겉으로 드러내 인정하면 보통 그 강도가 줄어든다. 또는 천천히 심호흡을 하면 마음이 진정된다는 사실을 알려줘라. 앞서 얘기했듯이 심호흡은 미주신경을 자극해 우리 몸에 이완 반응을 일으킨다.

아이가 시험장에서 어떤 자리에 앉을지 알 수 있다면, 시험 보기 며칠 전에 정확히 그 자리에 앉혀보는 것도 좋다. 이렇게만 해도 두려움을 훨씬 진정시킬 수 있다.

일 년 내내 11장에서 살펴본 방법에 따라 필기하게 하고(고등학생은 특히 더), 요점을 파악하는 법을 배우게 해라. 단순히 필기한 내용을 반복해 읽는 것은 효과가 없다. 지루할뿐더러 실제로는 잘 모르면서 내용을 이해했다고 착각할 수 있다.[7] 지식이 기억 속에 단단히 자리 잡게 하려면 지식의 형태를 바꾸고(노트에서 요약의 손이나 팟캐스트 파일로) 기억했는지 아닌지를 스스로 점검해야 한다.

매주 한 번씩 요약의 손(11장)을 만들되, 학습 영역마다 다른 색깔의 종이를 사용하게 해라. 매주 한 번씩 요약의 손을 이용해 내용을 완전히 숙지했는지 아이 스스로 확인하게 해라.

정답을 맞힌 요약의 손과 틀린 요약의 손을 따로 모으게 해라. 그리고 정답률이 100%가 될 때까지 답을 틀린 요약의 손을 집중적으로 공부하게 해라. 그런 다음 두 종류의 요약의 손을 섞어 다시 문제를 풀게 해라.

그동안 만든 요약의 손을 바탕으로 팟캐스트를 만들거나 요약의 손과 여정 기억법, 걸이못 기억법을 조합할 수도 있다. 이렇게 복습은 시험 몇 주 전이 아니라 일 년 내내 이뤄져야 한다.

효과적인 학습 일과

1_과목이나 학습 영역의 전체 내용을 공부한다.

2_내용을 제대로 이해했는지 테스트할 방법을 고안한다.

3_테스트 결과에 따라 더 공부해야 할 영역을 파악한다.

4_그 영역만 따로 공부한다.

5_다시 테스트한다.

6_전체 내용을 다시 공부한다.

7_내용을 제대로 이해했는지 테스트할 또 다른 방법을 고안한다.

8_테스트 결과가 나쁜 영역만 따로 공부한다.

시험 문제에 자주 나오는 핵심 단어

단어	뜻
분석하라	어떤 개념을 그것을 구성하는 요소나 기본적인 특징으로 분해해 요소나 특징 간의 관계를 파악해라.
밝혀라	어떤 일의 이유를 제시해라.
평가하라	어떤 일의 중요성을 밝혀라.
계산하라	가능한 답이 하나뿐일 때 정확한 답을 제시해라.
비교하라	두 가지 상황을 묘사한 다음 유사점과 차이점을 제시해라.
정의하라	용어의 뜻을 명시해라. 개념의 뜻을 정확하게 서술해라.
묘사하라	어떤 일을 설명해라. 이유를 밝힐 필요는 없다.
논의하라	숙고하거나 검토해라. 논쟁의 양쪽 입장을 상세하고 신중하게 살펴라.
구별하라	비슷한 용어들의 차이를 분명히 밝혀라.
검토하라	자세히 조사해라.
설명하라	어떤 일의 이유나 원인을 제시해라. 단순한 묘사로는 부족하고 어떤 일이 왜 일어났는지 진술해야 한다.
예증하라	시각 자료나 실례를 들어 알기 쉽게 증명해라.
개요를 서술하라	해당 주제의 중요한 특징을 제시해라.
어느 정도까지 ~한가?	견해가 일치하지 않는 사안에 대해 균형 잡힌 판단을 내려라.
~은 무엇인가?	어떤 개념을 더 확실히 밝혀라.
왜 ~한가?	어떤 것이 존재하는 이유를 제시해라.

에세이를 쓸 때 해야 할 것과 하지 말아야 할 것

해야 할 것	하지 말아야 할 것
• 가장 중요한 요점을 첫 번째 단락과 마지막 단락에 배치한다. • 주어진 질문에 답한다. • 개요를 미리 짠다. • 질문을 분석한다. • 질문의 모든 부분에 답한다. • 핵심 용어를 정의한다. • 단락을 논리의 흐름에 맞게 나누고 배치한다. • 서론을 넣는다. • 요점을 빠짐없이 전개한다. • 가능하면 각 부위의 이름이 적혀 있는 그림을 사용한다. • 에세이의 질문에 직접 답하는 결론을 내린다. • 상황에 맞게 실제 사례와 삽화를 넣는다. • 글씨를 읽기 쉽게 쓴다. • 문장을 제대로 완성한다. • 주제와 관련이 있는 의견과 무관한 의견을 구별한다.	• 가장 중요한 요점을 가운데 단락에 숨긴다. • 질문의 핵심 단어를 무시한다. • 개요를 미리 짜지 않고 일단 쓰기 시작한다. • 첫 번째 단락에서 너무 많은 생각을 제시한다. • 요점을 열거한다. • 질문의 마지막 부분을 무시한다. • 비속어나 약어, 무례한 표현, 채팅 용어를 사용한다. • 결론에서 본문의 모든 내용을 요약하려고 노력한다. • 경험담을 서술하라는 지시가 없어도 일인칭으로 쓴다.

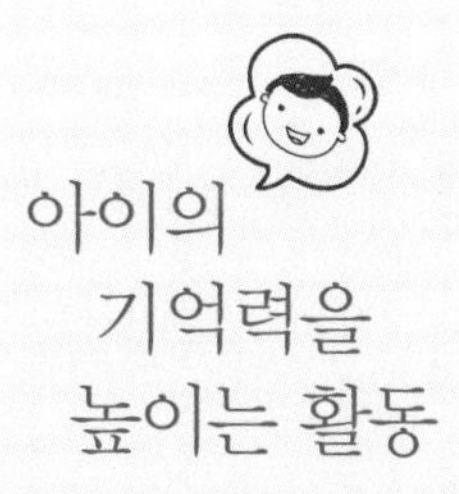

아이의 기억력을 높이는 활동

2~4세

- 기억력 게임을 활용해 알파벳과 단어를 가르치거나, 다음에 할 일과 짐 싸는 법, 준비하는 법을 기억하게 해라. 일상생활의 수많은 기회를 이용해 아이의 기억력을 높이고 테스트해라.
- 여름이나 폭포, 오리 등에 관해 아이가 확실히 아는 정보를 주제로 대화를 나눠라.
- 까꿍놀이와 숨바꼭질
- 장난감 전화기로 전화를 걸고 통화하는 연습 하기
- 나무 블록 쌓기
- 장난감 주방 도구로 요리하고 설거지하기
- 퍼즐 매트 깔기
- 노래 부르기, 동시와 동화에 음 붙여 부르기

- 〈세서미 스트리트〉나 4인조 밴드 위글스의 노래 듣기
- 닥터 수스의 책 읽기
- 짝 맞추기 게임, 또는 피시 같은 간단한 카드 게임 하기
- 인형의 집 가지고 놀기
- '어느 손에 있게?'나 '어느 컵에 있게?' 놀이 하기
- 모양 맞추기
- 전래 동요 외우고 부르기

5~7세

- 핵심 내용을 반복해 기억력을 키워라.
- 집중하는 법을 가르쳐라.
- 기억을 돕는 시각 자료를 활용해라.
- 카드 짝 맞추기 게임 등 기억력을 높이는 카드 게임
- 스무고개
- 음악 듣기
- 어떤 대상을 기억에만 의존해 그리기
- 운율을 배우고 단어의 운 맞추기
- 흔적을 남기고 흔적 추적하기
- 스포츠 선수의 카드 수집하기
- 종이접기
- 철자와 계산 연습하기

- 물건 외우기 게임
- 외국어 배우기

8~11세

- 대다수의 학교가 필수 과제물의 채점기준표를 제공한다. 점수를 잘 받으려면 따라야 하는 기준을 대략 알려주는 표다. 채점기준표를 구해 살펴보면서 아이의 성적을 올릴 방법을 고민해라.
- 배운 내용을 정리하고 필기하게 하고, 아이만의 시스템을 구축하게 해라.
- 요점을 파악하는 기술을 가르쳐라.
- 요약의 손을 활용하게 해라.
- 여정 기억법을 가르쳐라.
- 걸이못 기억법을 가르쳐라.
- 익살스러운 오행시limerick와 운율, 시를 가르쳐라.
- 오솔길을 지도로 그리기
- 미로 통과하기
- 십자말풀이
- 수학 교구인 퀴즈네르 막대 가지고 놀기
- 합창단에 입단하기
- 역사적 사건의 연대표 만들기
- 털실로 장소와 사건, 시간을 연결한 지도 만들기

12~18세

- 기억력을 높이려면 시스템을 구축하고 따라야 한다는 사실을 강조해라.
- 이번 장에서 다룬 복습하는 방법과 기억력을 높이는 전략을 함께 살펴보고, 아이가 그 방법들을 매주 시간을 들여 실천하도록 도와라.
- 이번 장에서 다룬 학습 시스템뿐 아니라 시험 문제에 나오는 핵심 용어를 가르쳐라.
- 채점기준표를 계속 활용해라.
- 지난 시험의 문제를 참고해 연습용 문제를 만들어라.
- 마술 묘기와 카드 묘기 연습하기
- 여정 기억법 사용하기
- 무언가를 외워서 말하기
- 연극에서 자신이 맡은 역의 대사 외우기
- 신문 기사 요약하기
- 필기법 연습하기
- 페인트칠하기
- 저글링 배우기
- 곡을 연주하고 노래하는 법 배우기
- 영화 속의 재미있는 장면 외우기

13장

연습:

집중적으로 열정을 쏟을 수 있는 자기만의 시스템 만들기

비유하자면, 나는 지난 42년간 경험의 계좌에 교육과 훈련을 조금씩 규칙적으로 예치했다. 1월 15일, 그 계좌의 잔고는 충분했고 덕분에 나는 거액을 인출할 수 있었다.

– 체슬리 설렌버거(새떼와 충돌해 엔진 고장을 일으킨 항공기를 허드슨 강에 무사히 불시착시킨 조종사)

연습을 연습이라 부르는 것은 완벽할 필요가 없기 때문이다. 천재는 대부분 자신의 기술이 완벽한 수준에 가까워질 때까지 그 기술을 연습하는 데 많은 시간을 들인다. 미켈란젤로Michelangelo는 우리가 아는 미켈란젤로가 되기까지 믿기 힘들 정도로 엄청난 노력을 기울였다.

연습은 성공을 예측하는 변수이며, 누구나 연습을 통해 실력을 향상시킬 수 있다. 일반적으로 천재는 자신의 기술과 능력을 열정적으로 갈고닦는다. 그러나 연습을 강요하는 부모 밑에서 자란 아이는 분노에 찬 어른으로 자라, 성공은 할지 몰라도 불행한 삶을 살게 될 수도 있다.

테니스 선수 앤드리 애거시Andre Agassi는 아버지의 강요로 엄격한 훈련을 받은 끝에 성공을 거뒀지만, 약물 남용에 빠졌고 쉽게 탈진했다. 그가 진정으로 훌륭한 선수로 거듭난 것은 테니스를 향한 자신만의 열정을 찾고 나서부터였다. 크리켓 역사상 가장 위대한 선수 중 하나로 손꼽히는 도널드 브래드먼Donald Bradman은 애거시와 달랐다. 브래드먼은 부모가 딱히 지도하지 않아도 물탱크의 벽에 공을 던지고 튕겨 나온 공을 막대기로 치는 연습을 몇 시간씩 쉬지 않고 했다. 막대기로 치는 것은 배트로 치는 것보다 더 어려운 일이었다. 근대 권투 역사상 가장 위대한 선수인 무하마드 알리Muhammad Ali는 출장 정지 이후의 복귀전에서 오히려 더 뛰어난 실력을 뽐냈다. 자신의 신념을 열정적으로 드러냈을 뿐 아니라 일요일 단 하루만 쉬고 일주일에 6일씩 살인적인 훈련 일정을 소화했다.

운동선수들만이 아니라 예술가와 음악가, 작가들도 마찬가지다. 이들은 모두 구체적인 의식과 비슷한 일과를 규칙적으로 따랐다. 조앤 롤링J. K. Rowling은 《해리 포터》 1권을 카페에서 썼다. 철학자 장 폴 사르트르Jean Paul Sartre는 매일 오전에 3시간, 저녁에 3시간 일했다. 호안 미로Joan Miro는 매일 오전 7시부터 정오까지 그림을 그린 뒤 권투를 하고, 다시 오후 3시부터 8시까지 그림을 그렸다. 헨리 밀러Henry Miller는 대다수의 작품을 오전에 썼다. 베토벤은 정확히 60개의 원두가 들어간 커피를 한 잔 마신 뒤 새벽부터 오후 3시까지 곡을 썼다. 무라카미 하루키村上春樹는 소설을 쓸 때 새벽 4시에 일어나 5~6시간 동안 집필한다.

괴벽에 가까운 의식을 행하는 사람도 있다. 프리드리히 실러Friedrich

Schiller는 책상 서랍에 썩은 사과를 가득 넣은 채로, 마르셀 프루스트Marcel Proust는 코르크를 덧댄 방에서, 새뮤얼 존슨Samuel Johnson은 가르랑거리는 고양이와 오렌지 껍질을 가까이에 두고 차를 마시며 글을 썼다.[1]

여러 차례 언급했듯, 천재는 매번 결정을 내릴 필요 없이 집중적으로 열정을 쏟을 수 있도록 자신만의 시스템을 구축한다. 물론 아이가 어느 날 갑자기 연습을 해야겠으니 책상 서랍을 썩은 사과로 채워달라거나 가르랑거리는 고양이를 구해달라고 할 일은 거의 없을 것이다. 어쨌거나 아이의 학습 능력을 극대화할 연습 일과를 어떤 형태로 짜야 할지 숙고하는 것이 좋다.

그렇다고 엄격한 훈련 프로그램을 아이에게 강요하라는 뜻은 아니다. 자신이 열정을 쏟는 분야에 통달할 때의 즐거움과 성공의 기쁨을 맛보도록 도우라는 뜻이다.

거울 신경 세포를 활성화하라

전전두엽의 뒷부분에는 거울 신경 세포라는 아주 특별한 뇌세포가 있다. 다른 사람이 의도적으로 하는 행동을 지켜볼 때 활성화되는 거울 신경 세포는 모방과 본보기를 통한 학습과 관련된 뇌세포다.

우리는 흔히 성공한 사람의 행동을 보며 배운다. 가장 중요한 학습의 일부는 아무것도 하지 않고 보기만 할 때 일어난다. 그러니 아이가 관심을 보이는 분야에서 가장 성공한 사람들을 아이에게 보여줄 방법을 찾아라. 달인이 능력을 발휘하는 모습을 보기만 해도 아이는 배움을 얻을 것이다. 농구하는 마이클 조던, 고릴라와 교감하는 제인 구달Jane Goodall, 물리학에 관해 이야기하는 스티븐 호킹Stephen Hawking에게서 아이들은 많은 것을 배울 것이다. 그뿐 아니라 세계에서 가장 열성적인 우표 수집가가 수집품을 소개하는 모습과 같이, 각 분야에서 세계 최고로 손꼽히는 사람들이 열정을 발휘하는 모습을 아이에게 소개해라.

어떤 분야에서 탁월한 기량을 발휘하는 사람을 아이와 관찰하는 방법에는 두 가지가 있다. 첫 번째 방법은 자기 파괴적이다. 달인의 타고난 재능과 능력에 감탄하면서 평범한 인간은 흉내 낼 수 없는 경지라는 생각을 드러내는 방식이다. 달인의 능력은 자신이 도저히 따라잡을 수 없는 수준이라는 인식을 아이에게 심어줄 수 있다. 두 번째 방법은 건설적이다. 달인의 능력에 감탄한 다음 그 사람이 그 경지에 오르기까지 얼마나 오랫동안 헌신하고 연습했을지 짚어보는 방식이다.

계획적인 연습

기존의 단순한 연습 일과로는 아이의 잠재력을 끌어내기 어렵다. 개선이 필요한 부분을 파악해 그 부분을 연습의 목표로 삼는 계획적인 연습을 해야 한다.[2] 사람들은 흔히 자신이 이미 잘하는 것을 연습하는 오류를 범하

곤 한다. 잘하는 것을 연습하면 기분이 좋고 성취감을 느낄 수 있기 때문이다. 하지만 정말로 실력을 키우고 싶다면, 자신이 능숙하지 않은 부분을 파악해 그 부분을 집중적으로 연습해야 한다.

뇌의 두 체계를 설명하는 앨버트와 렉스의 비유를 다시 들자면, 렉스는 편안한 삶을 좋아하고 믿기 힘들 정도로 산만하다. 사람들이 어렵거나 도전적이라고 생각되는 일은 늑장을 부리며 피하려고 하는 것은 이 때문이다. 해야 할 일을 나중으로 미루는 것은 언제나 쉽게 느껴진다. 그러나 그 일을 하고 싶어지는 최적의 시간은 결코 오지 않는다.

그러니 아이가 자신의 강점에 집중하되 실력을 키우고 싶은 분야를 파악하도록 도와라. 어떤 아이들은 좋은 성과를 내야 한다는 압박을 받으면 새로운 일을 시도하지 못한다. 아이가 매번 성공해야 한다는 부담 없이 어려운 일에 도전할 수 있도록 계획적인 연습보다는 실험적인 연습이라고 이름 붙여라. 연습하는 시간을 자신의 실력을 얼마나 키울 수 있는지 확인하는 도전의 시간으로 받아들이게 해라.

목표는 작을수록 이루기 쉽다

너무 거창한 목표를 세우면 아이들은 보통 지레 겁을 먹고 포기한다. 지금 당장 할 수 있는 일보다 장기적인 목표를 더 의식하게 되기 때문이다.

또, 결과에 지나치게 집중하면 긴장해서 일을 망치기 쉽다. '할 수 있는 일'에서 '해야 하는 일'로 관심의 초점이 이동하면, 기본적으로 지금 하는 일에 덜 몰입하게 된다. 그뿐 아니라 지금 하는 일을 더 비판적이고 덜 주의 깊은 시각으로 바라보게 된다.

이를 피하려면 아이에게 작은 목표를 세우게 해라. 목표를 작게 잡아 하나씩 이루면, 성공을 향해 단숨에 밀고 나갈 때보다 장기적으로 더 큰 발전을 이룰 가능성이 커진다.

반복하라

조금씩 자주 연습하는 사람은 많은 양을 가끔 연습하는 사람을 이긴다. 앞서 언급했듯, 어떤 일의 능숙도를 80%까지 끌어올리려면 그 일을 24회 반복해야 한다. 반복은 숙련도를 높일 뿐 아니라 시냅스의 생성, 즉 뇌세포의 연결을 촉진한다.

이는 일주일에 한두 번 장시간 연습할 때보다 거의 매일 잠깐씩 연습할 때 실력이 더 빨리 향상된다는 중요한 사실을 시사한다.

시간 간격을 둔 반복은 더욱 효과적이다

시간 간격을 두고 반복하는 방식도 학습에 긍정적인 영향을 미친다.[3] 정보를 한 번에 몰아서 습득하지 않고 장기간에 걸쳐 시간적 간격을 두고 여러 번 반복하는 방식이다.

간격을 두고 반복하면 놀라운 결과를 얻을 수 있다. 2007년 샌디에이고 캘리포니아대학교의 연구원들이 역사 과목을 공부하는 중학생을 대상으로 연구한 결과가 이를 잘 보여준다. 연구에 따르면, 간격을 두고 반복하는 방식으로 학습한 학생이 한 번에 몰아서 공부한 학생보다 배운 내용을 2배가량 더 잘 기억했다.[4]

이는 정보를 접하는 횟수가 늘어날수록 그 정보를 이해하고 기억할 가능성이 커진다는 사실을 보여준다.

유형을 섞어라

유형을 섞는 방법도 효과가 있다. 서로 다른 유형의 기술을 번갈아 연습하면 훨씬 좋은 결과를 얻을 수 있다. 예를 들어 뺄셈 문제를 조금 풀고, 읽기와 쓰기를 조금 하고, 덧셈 문제를 조금 풀게 해라.

〈응용 인지 심리학 저널〉에 실린 어느 논문에 따르면, 초등학교 4학년생에게 네 가지 유형의 수학 문제를 풀게 한 다음 평가용 시험을 보게 한 결과 문제의 유형을 섞어 푼 학생들의 점수가 유형별로 나눠 푼 학생들보다 2배 이상 높았다.[5]

학습은 맥락 안에서 이뤄진다. 같은 문제를 다양한 맥락에서 간격을 두고 반복해 풀면 더 좋은 성과를 낼 수 있다. 특정한 기술을 서로 다른 맥락에서 간격을 두고 반복하여 연습해도 마찬가지다. 다양한 각도에서 슛을 쏘는 연습이 여기에 속한다.

같은 개념을 5개의 맥락 안에서 반복해 다루는 것이 개념 5개를 다루는 것보다 낫다.

성격이 완전히 다른 과목을 섞어라

분야를 완전히 바꿔가며 공부하면 학습의 능률을 최대로 올릴 수 있다는 연구 결과도 있다.

예를 들어, 화학을 조금 공부하다 물리학을 공부하면 두 과목의 내용이 모호하게 부딪혀 이해의 속도가 느려진다. 그러나 성격이 완전히 다른 과목을 섞어 영어, 수학, 미술, 과학 순으로 공부하면 각각의 내용이 확실히 구분돼 보다 좋은 결과를 얻을 수 있다. 이 방법은 아이가 어떤 종류의 학습 계획표를 짜든 적용할 수 있다.

자기 자신에게 설명하라

연습을 하면 해야 할 일의 순서도 머릿속에 더 잘 입력할 수 있다.

문제를 풀기 위해 거쳐야 할 단계를 자기 자신에게 설명할 수 있는 아이는 학업 성취도가 높다. 이런 아이들은 머릿속으로 문제를 푸는 단계들을 차례대로 밟는다.

'제일 먼저 할 일은…, 그다음에 할 일은…, 그다음에는…', 이런 식으로 각 단계를 분명하게 표현할 때는 뇌의 가장 강력한 능력의 하나, 즉 지식에 패턴을 부여하는 능력이 발휘된다. 이 방법은 새로운 운동 기술을 배울 때도 적용할 수 있다.

아이에게 문제를 푸는 과정을 대략 설명하게 해라. 다른 사람에게 과정을 설명하면 추론 능력이 발달하고 사고가 명확해진다는 사실을 명심해라. 또한 어떤 문제든 그 문제를 푸는 과정을 설명하거나 논리적으로 추론해내면 그 순간에 더욱 몰입하게 돼 더 좋은 성과를 낼 수 있다.

회복탄력성에 중점을 둔 코칭 기법을 써라

아이에게 도움이 되는 것은 강압이 아닌 격려다. 부모가 아이의 실수를 끊임없이 지적하는 것은 도움이 되지 않는다. 아이가 무언가를 시도할 때마다 요란을 떠는 것도 도움이 안 되기는 마찬가지다.

그보다는 아이 스스로 더 잘하는 분야를 분석해 그 분야를 체계적으로 연습하도록 유도해라. 대화를 이끌어가는 단계는 다음과 같다.

1_과제를 세분화해라. 몇 주 뒤 학교에 제출해야 하는 숙제일 수도 있고, 연주하고 싶은 악보나 지금 배우고 있는 외국어일 수도 있다.

2_아이가 각 부분에 대해 느끼는 자신감을 점수로 환산하게 해라. 10점 만점(0점은 '전혀 못함', 10점은 '아주 능숙함')으로 점수를 매기게 해라. 점수를 매길 때의 정확도가 떨어지더라도 받아들여라.

3_점수를 몇 점 더 올리고 싶은지 물어라. 2점 정도 올리는 것을 목표로 삼아라. 아이가 자신의 철자 실력에 5점을 매겼다면, 어느 정도의 실력이어야 7점을 받을 수 있는지 상의해라. 점수가 올라가면 무엇이 달라질지 구체적으로 설명하게 해라.

예를 들어 이렇게 말해라. "지금은 네 철자 실력이 10점 만점에 5점이지만 앞으로 7점을 받고 싶다는 거지? 그럼 7점에 걸맞은 철자 실력을 갖추면 무엇을 할 수 있게 될까?"

아이가 자신의 현재 실력은 2점이지만 앞으로 10점을 받고 싶다고 하면, 너무 서둘지 말고 실력을 향상시키기 위한 연습의 목표를 작은 단위로 쪼개라고 조언해라. 예를 들어, 이렇게 말해라. "좋아, 10점 만점을 받고 싶구나. 우선 앞으로 몇 주 동안 2점을 올려 4점을 받는 것을 목표로 하면 어떻겠니?"

아이가 자신의 현재 실력에 10점 만점을 매기지 말란 법도 없다. 이때는 "좋아, 그럼 10점 만점에 12점을 받으려면 어떻게 해야 할지 이야기해보자"라고 말해라.

4_아이가 현재의 실력과 2점을 더 받을 수 있는 실력의 차이를 개략적으

로 파악하고 나면, 그 실력을 갖추게 됐을 때 부모에게 알려달라고 해라. 아이가 "2점을 더 받을 수 있는 실력이 되면 hippopotamus(하마)와 Mississippi(미시시피)처럼 긴 단어의 철자를 맞힐 수 있을 거예요"라고 하면, "그런 단어의 철자를 정확하게 맞히면 알려주렴"이라고 말해라.

티머시 골웨이가 발견했듯, 누군가를 지도할 때는 그 사람의 자기 인식을 높이는 것이 격려하는 말을 하거나 실력을 향상시킬 방법을 직접 가르치는 것보다 훨씬 강력한 효과를 발휘한다(티머시 골웨이의 코칭 기법은 8장을 참고하라).[6]

5_이제 한 걸음 물러나 결과가 아니라 아이가 기울이는 노력을 칭찬하겠다고 다짐해라. 또는 이렇게 제안할 수도 있다. "쉬운 부분뿐 아니라 어려운 부분도 연습하는 일과를 짜면 어떨까?" 예를 들어, 아이가 어떤 곡을 연주하고 싶어 하면 전체 악보를 여러 부분으로 나눠 각 부분에 대해 느끼는 자신감에 점수를 매긴 뒤, 어려운 부분을 더 오랫동안 연습하게 하는 방법이다.

아이가 수학을 어려워하면 덧셈, 뺄셈, 나눗셈, 곱셈에 자신감 점수를 매기고 자신감이 부족한 문제 유형을 더 많이 연습하도록 계획을 짜게 해라.

연습으로 학교에서 성공하는 방법

중요한 시험과 평가용 과제를 앞두고 긴장하지 않는 학생은 거의 없다. 연습 문제를 풀 때는 좋은 점수를 받던 아이들도 실제 시험에서는 낮은 점수를 받을 수 있다.

아이들이 학교에서 부딪히는 가장 큰 걸림돌은 부족한 지능이 아니다. 아이들의 지능은 이미 충분히 높다. 아이들은 불안 때문에 제 실력을 발휘하지 못한다. 불안감을 줄이는 가장 좋은 방법은 규칙적인 연습을 하는 것이다.

연구에 따르면, 수학시험을 보기 전에 불안한 마음을 10분 동안 글로 쓴 학생들이 시험 전에 아무것도 하지 않고 앉아만 있었던 학생들보다 시험 점수가 15% 높았다.

앞서 언급했듯, 불안감은 코르티솔의 수치를 높여 기억력과 언어 처리 능력을 떨어트린다. 예를 들어, 가로로 적힌 수학 문제는 세로로 적힌 문제보다 뇌의 언어 처리 능력을 더 많이 필요로 한다.

10−5=5　　vs

```
 10
 -5
 ——
  5
```

불안감을 느끼는 아이는 언어 처리 능력이 떨어져 첫 번째 문제(가로로 된)를 잘 이해하지 못할 수 있다. 뇌가 문장으로 인식하기 때문이다. 그럴 때는 문제를 세로로 고쳐 적게 해라. 세로로 적힌 문제를 풀 때는 공간 추론 능력을 더 많이 사용하는데, 이는 코르티솔의 수치가 급증해도 영향을 덜 받는다.

불안감을 해석하는 방식도 아이의 수행 능력에 영향을 미친다. 스트레스와 불안감은 보통 도전에 앞서 준비태세를 갖추게 해준다. 신체의 스트레스 반응을 어리석은 실수를 예고하는 신호가 아니라 작전 개시를 알리는 신호로 해석하는 아이는 평소의 실력을 더 잘 발휘할 수 있다.

불안감을 떨치고 새로운 기술을 연습하게 하는 법

- 아이가 자아 존중감을 잃지 않도록 아이의 능력을 상기시켜라. 아이들은 보통 자신의 능력을 과소평가한다.
- 두려움을 떨치게 도와라. 우선 현재 걱정하는 문제를 있는 그대로 인정하게 해라. 문제를 설명하고 감정에 이름을 붙이게 해라. 예를 들어, "시험이 어려울 것 같아 걱정돼요"라고 말할 수 있다.

- 준비를 더 잘할 수 있게 해주는 '걱정'에 감사하게 해라.
- 지적 능력을 더 허비하지 않도록 걱정을 놓게 해라.
- 스트레스를 에너지로 바꾸게 해라. 걱정을 연습에 쏟을 에너지로 바꾸라고 제안해라.
- 낙서하게 해라. 진도가 나가지 않을 때는 무언가를 만지작거리게 해라. 아이의 뇌는 아이가 생각하는 것보다 똑똑하다.
- 긴장 상태에서 연습하게 해라. 연습 문제로 배운 내용을 테스트해라.
- 기억을 외부에 위탁하게 해라. 음성 녹음 파일이나 벽보, 암기용 카드, 요약의 손(11장)을 만들거나 BASE 또는 여정 기억법을 활용하게 해라(12장).
- 배운 내용을 계속 정리하게 해라(11장).

연습을 긍정적으로 받아들이게 하는 활동

2~4세

- 연습할수록 실력을 키울 수 있으며, 한 번에 성공해 어설프게 아는 것보다는 여러 번 시도해 성공하는 것이 낫다는 원칙을 세워라.
- 알파벳 낱글자의 발음을 가르쳐라.
- 소리 내서 읽게 해라.
- 원을 시계 방향과 시계 반대 방향으로 그리게 해라.
- 글자를 자음부터 가르쳐라. 예를 들어, 'Cat(고양이)'은 'C'로 시작하고 'Snow(눈)'는 'S'로 시작한다고 가르쳐라.
- 간판이나 시리얼 상자를 소리 내서 읽어줘라. 일상적으로 언어를 연습시켜라.
- 놀이교육센터에 등록해라.
- 음악 틀고 춤추기
- 언어 수업 듣기

5~7세

- 연습은 어려운 일에 도전하는 것이니 연습할 때 꼭 잘할 필요는 없다고 말해라.
- 거울 신경 세포를 활성화시켜라. 부모가 새로운 일에 도전하고 연습하는 모습을 아이에게 보여줘라.
- 자석 알파벳 글자를 냉장고에 붙여놓고 단어와 문장을 만들게 해라.
- 100까지 세는 법을 가르쳐라.
- 2의 배수, 5의 배수, 10의 배수를 세는 연습을 시켜라.
- 체조
- 자전거 타기
- 발레
- 수영과 다이빙
- 공중제비 돌기
- '뱀과 사다리' 보드게임

8~11세

- 어른은 학습과 연습을 할 필요가 없다는 인식을 심어주지 마라.
- 어떤 분야의 달인이든 그 사람이 달인이 되기까지 얼마나 많은 노력을 기울였을지 이야기해라.
- 승산이 적은 일에 도전하고, 어려운 단어의 철자를 맞히고, 잘 못하는 일을 하게 해라. 어려운 일에 도전해 성공하면 기쁨이 훨씬 크다는 사

실을 깨우쳐라.

- 반복하고 문제의 유형을 섞으면 연습의 효과가 커진다는 사실을 깨우쳐라.
- 문제를 푸는 과정을 부모에게 설명하게 해라. 그렇게 하면 자기 자신에게 설명하는 법을 배울 수 있다.
- 어릴 때부터 회복탄력성에 중점을 둔 코칭 기법을 쓰기 시작하고, 아이가 10대가 되면 그 기법을 본격적으로 써라. 천재는 준비가 될 때까지 기다리지 않고 일단 시작한다.
- 연습을 게임하듯 하게 해라.
- 연극 수업을 듣거나 집에서 연극을 상연하게 해라.
- 미니 골프
- 볼링
- 평균대 위에서 균형 잡기
- 승마
- 가면 만들기
- 종이비행기 대회 열기
- 탁구
- 단추 공예

12~18세

- 스케이트보드장에 데려가라.

- 테니스
- 파도타기
- 좀비나 뱀파이어, 해적 연기하기

14장

식습관:

뇌에 영양을 주고 숙면을 돕는 음식과 환경[1]

참치 샌드위치 사 왔다. 뇌에 좋은 음식이라고 하더구나. 돌고래 고기가 잔뜩 들어가 있어서 그럴 거야. 돌고래가 엄청 똑똑하잖니.

– 마지 심슨

아이의 내면에 숨어 있는 잠재력을 꽃피우려면 최적의 조건을 제공해야 한다. 그 조건 중 하나가 음식이다. 아이의 뇌가 최상의 상태로 작동하려면 최고급 연료를 공급해야 한다.

두뇌 개발을 촉진하는 두 요소는 자극이 풍부한 환경과 시냅스의 생성(뇌세포끼리 연결되는 현상)이다. 다음은 시냅스의 생성이나 자극이 풍부한 환경, 또는 둘 다를 촉진하는 활동을 요약한 그림이다.

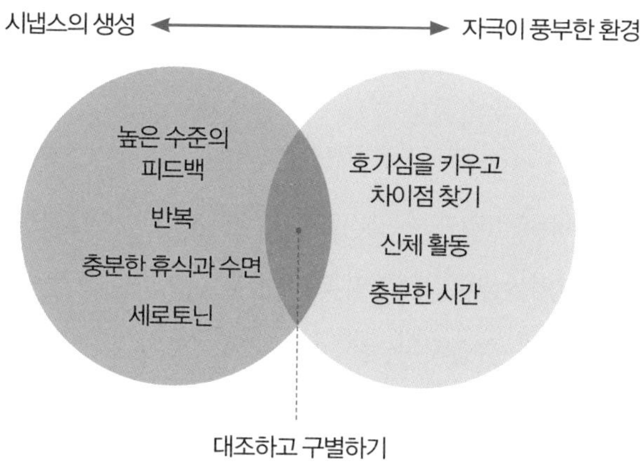

왼쪽 항목은 시냅스의 생성에, 오른쪽 항목은 자극이 풍부한 환경을 만드는 데 도움이 된다. 다수의 연구에 따르면 자극이 풍부한 환경에서 자란 아이들은 자극이나 놀이, 새로움이 없는 환경에서 자란 아이들보다 뇌의 시냅스가 훨씬 더 많이 형성돼 똑똑하다. 교집합에 속하는 항목은 시냅스의 생성과 자극이 풍부한 환경 모두에 영향을 미친다.

아마도 당신은 두뇌 개발을 촉진하는 이 요소들을 아이에게 어떻게 적용할지에 대해서는 앞에서 이미 답을 얻었을 것이다. 이제 아이를 위해 자극이 풍부한 환경을 만드는 방법을 몇 가지 더 살펴보자.

향기

어떤 장소에서 풍기는 특정한 향기를 맡고 일련의 기억이 불현듯 떠오른 적이 있는가? 그렇다면 학습과 향기가 관련돼 있다는 사실이 낯설지 않을 것이다. 향기는 기억과 관계가 있다. 인간의 신체 부위 중 매우 일찍 발달하는 후각 신경이 기억을 통합하는 뇌 부위인 해마와 연결돼 있기 때문이다.

레몬 향과 박하 향 같은 향기를 맡으면 집중력이 높아지고 긴장이 풀리는 효과를 볼 수 있다.

정신 집중	**이완**
레몬 향	라벤더 향
계피 향	오렌지 향
박하 향	장미 향
바질 향	카밀러 향
로즈메리 향	

향기는 편도체에 영향을 미친다. 편도체는 투쟁-도주 반응을 일으키는 뇌 부위로, 위험을 감지하면 신속히 움직여 우리의 생명을 구한다. 또한 단일 시행 학습을 아주 효과적으로 수행한다. 예를 들어, 뜨거운 가스레인지에 손을 댔다가 놀란 적이 한 번이라도 있으면 편도체의 경고로 다시는 같은 행동을 반복하지 않는다.

편도체는 분노와 공포, 공격성과 같은 감정을 제어하기도 한다. 연구 결과, 향기로운 냄새를 맡으면 편도체의 감정 조절 능력이 매우 효과적으로 발휘됐다.[2]

균형 잡힌 건강식

이 책에서 추천하는 식단은 일반적인 경우를 염두에 두고 작성됐다. 이 책의 조언을 자녀의 식단에 적용할 때는 먼저 영양사나 의사와 상담하길 바란다.

균형 잡힌 건강식은 학교생활과 인생의 질을 크게 높여준다. 식단은 기분과 활력에도 놀라운 영향을 미친다.

물을 마시게 하라

뇌는 물과 포도당, 산소를 연료 삼아 작동한다. 아이들은 매일 약 6~8잔의 물을 마셔야 한다. 물론 청량음료는 포함되지 않는다.

달콤한 음료는 나쁜 의미로 아이들을 흥분시킨다. 첫째, 몸이 안 좋아진다. 청량음료를 2캔(포도당 75그램)만 마셔도 불과 90분 만에 활성산소의 증가로 손상된 이소프로스탄이라는 지방산이 34% 많아진다.
둘째, 스트레스가 높아진다. 예일대학교의 연구에 따르면, 25명의 건강한 아이들에게 설탕이 든 청량음료 1캔을 마시게 하자 길게는 5시간 동안 아이들의 아드레날린 수치가 정상 수치의 5배 이상 올라갔다.
다이어트용 음료도 카페인과 소르비톨, 아스파탐의 함유량이 많아 집중력을 떨어트리고 불안감을 높이는 부정적인 영향을 미칠 수 있다.[3]

몇 번에 몰아서 폭식하게 하지 말고 조금씩 여러 번 먹게 해라. 저탄수화물, 고단백 식사를 하면 집중력이 높아진다. 빵보다는 오믈렛을 먹는 것이 좋고 감자튀김은 웬만해서는 먹지 않는 게 좋다. 양질의 단백질이 풍부한 음식에는 칠면조 고기, 생선, 견과류, 요구르트가 있다.

혈당지수가 높은 탄수화물(정제된 설탕이나 곡류)을 먹으면 우리 몸에 다량의 포도당이 공급된다. 그러면 당장은 마음이 진정되지만 시간이 지나면 극심한 무력감과 피로감을 느끼게 된다. 학교 선생님들은 아침을 거르거나 설탕이 많이 든 아침을 먹은 학생들이 문제가 있거나 산만한 행동을 할 가능성이 크다고 말한다.

오전은 도넛이나 에너지 음료, 햄버거, 롤빵, 단 음식을 먹기에 좋은 시간이 아니다. 이런 음식은 아이들의 활동량이 많아지는 오후 시간대에 먹는 것이 낫다. 아침 메뉴에는 고섬유질 음식과 단백질, 요구르트, 우유가 포함돼야 한다. 고단백질 음식과 칼슘은 함께 섭취하면 마음을 차분하게 유지하는 데 도움이 된다.[4] 의학적으로 안전한 범위 내에서 단백질의 섭취량을 늘리면 학습 능력이 높아질 뿐 아니라 기분도 좋아진다.

인간의 뇌는 60%가 지방이므로 뇌의 수행 능력을 극대화하려면 생선과 생선 기름에 함유된 오메가3 지방산을 섭취해야 한다. 생선과 달걀이 '두뇌에 좋은 음식'이라는 오래된 조언은 맞는 말이다. 치아씨는 오메가3 정제를 삼키지 못하는 아이에게 먹일 수 있는 훌륭한 대안이다. 치아씨를 요구르트나 스무디에 넣어 먹여라.

타이로신과 콜린, 페닐알라닌(사고 및 기억과 관련이 있는 신경전달물질)의 분비를 돕는 음식에는 우유, 견과류, 바나나, 씨앗, 쌀, 귀리가 있다.

뇌에 영양을 공급하라

아플 때마다 약상자를 꺼낼 필요는 없다. 운동을 하고 숙면을 취하고 물을 마시고 잘 먹기만 해도 정신이 놀랍도록 맑아질 것이다.

기분을 좋게 해주고 진정 효과가 있으며 숙면을 돕는 음식

아미노산인 L-트립토판은 뇌에서 세로토닌으로 합성되는데, 세로토닌은 가장 강력한 천연 항우울제다. 세로토닌을 합성하는 L-트립토판은 칠면조 고기와 달걀, 소고기, 치즈와 같은 음식에 함유돼 있다. 모두 고단백질 음식이다. L-트립토판은 먼저 5 HTP(5-하이드록시트립토판)라는 물질로 바뀐 다음 다시 세로토닌으로 바뀐다. 세로토닌을 억제하는 물질에는 알코올과 카페인, 인공 감미료가 있다.

L-트립토판을 섭취하면 상냥해지고 차분해지며 수면의 질이 높아진다. L-트립토판이 풍부한 음식은 다음과 같다.

- 아몬드
- 오메가3 지방산
- 코티지 치즈
- 호박씨
- 기름기 없는 쇠고기
- 칠면조 고기
- 우유
- 통밀

행복감, 집중력, 의욕을 높이는 음식

L-타이로신은 뇌에서 도파민을 합성하는 아미노산이다. 도파민은 의욕과 집중력을 높이는 신경화학물질이다. 도파민이 분비되면 열의가 넘치고 무언가를 하고 싶어 몸이 근질근질한 상태가 된다.

도파민, 노르에피네프린, 아드레날린을 총칭하는 카테콜아민은 뇌와 몸에 생기를 불어넣는다. 카테콜아민이 너무 적게 분비되면 집중력과 의욕이 떨어져 문제가 생긴다. 카테콜아민의 분비를 촉진하는 L-타이로신은 소고기와 생선, 닭고기, 달걀, 연어에 들어 있다. 채식주의자들은 다소 곤

란할 것이다. 닭가슴살에 함유된 900밀리그램의 L-타이로신을 아몬드로 섭취하려면 무려 144알을 먹어야 한다!

L-타이로신이 풍부한 음식은 다음과 같다.

- 닭고기
- 우유
- 유제품
- 귀리
- 생선
- 요구르트

활기를 북돋우는 음식

아미노산인 L-페닐알라닌이 풍부한 음식을 먹여 아이의 에너지를 끌어올려라. 이 아미노산은 노르에피네프린과 도파민으로 합성된다. 이 두 신경화학물질이 더 많이 분비되면 적극성뿐 아니라 기억력도 높아진다. L-페닐알라닌이 풍부한 음식은 다음과 같다.

- 닭고기
- 땅콩
- 리마콩
- 참깨
- 우유
- 요구르트

긍정적인 감정을 유지해주는 음식

L-글루타민이 많이 함유돼 있는 음식은 짜증과 긴장을 완화해준다. L-글루타민은 뇌에서 GABA(감마아미노뷰티르산)로 합성된다. L-글루타민이 풍부

한 음식은 다음과 같다.

- 아보카도
- 복숭아
- 달걀
- 완두콩
- 그래놀라
- 해바라기씨
- 포도 주스

두뇌 학습을 돕는 음식

콜린은 뇌에서 아세틸콜린으로 합성된다. 새로운 것을 배우면 뇌세포들 간에 새로운 연결고리, 즉 회로가 형성된다. 아세틸콜린은 새로운 회로를 형성하고 도파민은 그 회로를 강화한다.

아세틸콜린은 학습에 도움을 줄 뿐 아니라 세포를 보호하고 기억을 유지한다. 콜린이 풍부한 음식은 다음과 같다.

- 아몬드
- 달걀노른자
- 소고기
- 흰 강낭콩
- 소의 간
- 두부
- 콜리플라워

조명과 기분의 상관관계

남자아이들은 흔히 조명을 낮추거나 끄는 것을 좋아한다. 남자가 창고나

철물점을 좋아하는 이유다.

부드러운 조명 아래서 조용히 앉아 공부하면 공부한 내용을 장기 기억에 더 잘 저장할 수 있다. 공부할 때는 자연광이나 책상 등과 같은 간접 조명이 제일 좋다. 형광등 아래에서 공부하게 하지 마라. 교실에 형광등보다 풀 스펙트럼 조명(태양광과 가장 유사한 빛을 내는 장치-옮긴이)을 설치한 학교는 결석률이 낮다. 형광등의 빛을 쬐면 코르티솔의 혈중 농도가 올라가 면역 체계의 반응이 억제될 수 있다.[5]

조명은 기분에도 영향을 미친다. 계절성 정서 장애나 겨울 우울증은 부족한 일조량과 관련이 있다. 태양광은 흐린 날에는 2,000럭스(빛의 양을 나타내는 단위), 맑은 날에는 10만 럭스에 달한다. 하지만 대부분 시간을 실내에서만 보내면 햇빛을 100럭스밖에 쬐지 못한다.

150~200와트의 전구는 2,500럭스의 빛을 발산하며, 낮에 조명을 밝게 하면 기분이 좋아진다는 연구 결과가 있다.[6]

운동

밖에 나가 산책을 해야 할 이유는 너무나 많다. 추우면 외투를 사라.

운동을 하면 혈액을 통해 뇌에 산소가 공급된다. 서 있기만 해도 뇌로 가는 혈류의 양이 20% 증가한다고 한다. 몇몇 연구에 따르면 남자아이들은 서서 공부할 때 학습 효과가 가장 컸다.

운동은 뇌에 좋다. 특히 강도 높은 유산소 운동은 학생들에게 유익하다. 그뿐 아니라 운동은 뇌의 가소성도 높인다.

음악

음악은 감정과 학습, 분석에 강력한 영향을 미친다. 모차르트의 음악과 지능의 상관관계를 밝힌 연구도 있다. 모차르트의 〈두 대의 피아노를 위한 소나타 D 장조〉를 10분 동안 들은 아이들은 추상 및 공간 추론 능력을 테스트하는 시험에서 더 높은 점수를 받았다.

음악을 들으면 뇌의 구성이 달라지기도 한다. 네 살짜리 아이들에게 클래식 음악을 매일 1시간씩 들려주고 뇌전도를 관찰한 결과 뇌의 응집도가 높아졌고, 긴장을 풀고 자기 인식을 하는 알파 상태가 더 오래 지속됐다.[7]

물론 전반적으로 보면 모차르트 효과처럼 특정한 음악의 학습 효과를 밝힌 연구는 과대 평가된 면이 없지 않다. 단순히 부모가 좋아하는 음악을 틀기만 해도 가정에서 학습 분위기를 조성할 수 있다. 아이가 공부할 때는 기악곡이나 가사가 분명하지 않은 곡을 틀어라. 〈태양의 서커스Cirque du Soleil〉의 배경음악이 좋은 예다.

악기 연주하는 법을 배우는 것도 아이에게 도움이 된다. 예를 들어, 피아노를 치면 공간 지각 능력과 앞날을 생각하는 능력이 높아진다. 음악을 배우면 듣기 능력과 기억력도 향상된다.

아이가 잘할 것 같은 악기를 권해라. 예를 들어 클라리넷과 피아노, 기타는 소근육 운동 능력을 필요로 하고 드럼과 트럼펫, 심벌즈는 대근육 운동 능력을 필요로 한다.[8]

기분에 따른 음악 재생 목록을 짜게 해도 좋다. 들으면 신이 나는 곡과 차분해지는 곡을 따로 모아 목록을 만들게 해라.

외국어

외국어를 배우면 뇌가 달라진다. 3~7세에 외국에서 그 나라의 말을 배우면 원어민처럼 그 언어를 구사할 수 있다. 8세가 지나면 학습 효과가 떨어진다.

텔레비전

텔레비전 시청과 교육적 성과의 상관관계는 그렇게 단순하지 않다. 100만 명의 학생을 대상으로 실시된 연구에 따르면, 교육적 성과를 염두에 둔 텔레비전 시청의 적정 시간은 나이에 따라 다른 것으로 밝혀졌다.[9]

❶ 2~3세 이하: 0시간

- 9세: 하루에 2시간
- 13세: 하루에 1시간 30분
- 17세: 하루에 30분

학습 능력이 뛰어나면 월반을 시켜야 할까?

이 주제에 관해서는 연구 결과가 엇갈린다. 아이를 월반시키면 학업 성과가 높아진다는 연구 결과가 있긴 하나, 찬반양론이 존재한다. 부분적인 월반은 언제든 고려할 수 있다. 아이의 수학 과목 학업 성취도가 평균 이상이라면 높은 학년의 수학 수업을 듣게 할 수 있다. 또는 자녀에 대한 부모 자신의 판단을 믿고, 유연한 학제를 운영해 우수한 학생을 육성하는 학교를 찾는 방법도 있다. 아이를 가장 잘 아는 사람은 부모이므로 아이가 성장할 가능성이 가장 큰 환경을 누구보다 잘 고를 수 있다.

그러나 사회적인 요인을 고려하면 문제가 달라진다. 월반을 고민할 때는 먼저 다음의 질문에 답해야 한다.

- 월반의 학업적 이득이 14세 아이가 16세처럼 행동하려 할 때 발생할 문제들을 상쇄할 만큼 큰가?

❗ 월반만큼 아이의 학업적 성취를 높일 다른 방법은 없는가?

월반을 시키지 않고도 아이의 학업적 성취를 높이려면 아이의 뇌에 동력을 제공해야 할 뿐 아니라 아이의 성공에 토대가 될 규칙적인 일과를 확립해야 한다.

아이의 뇌를 최적화하는 활동

2~4세

- 반응을 많이 보여라.
- 놀이와 발견을 장려해라.
- 책을 읽어줘라.
- 2개 언어를 쓰게 해라.
- 숫자를 세고 가지고 노는 게임을 하게 해라.

5~7세

- 신체 놀이와 운동을 장려해라.
- 아침 식사를 규칙적으로 하게 하고 그 일과를 계속 유지시켜라.
- 책을 읽어주거나 함께 읽어라.
- 뇌 친화적인 건강식을 규칙적으로 먹게 해라.
- 유산소 활동과 신체의 조정력을 키우는 두뇌 발달 운동에 참여시켜라.
- 악기를 연주하는 법을 배우게 해라.

8~11세

- 좋은 수면 습관을 유지하게 해라.
- 복잡한 사안을 이해시켜야 할 때는 실생활에서 그 문제를 몸소 체험하게 해라.
- 읽기에 흥미를 잃지 않도록 즉흥 연기 시합을 권해라.
- 규칙적인 일과를 확립해라.
- 텔레비전을 포함한 영상물 시청 시간을 하루에 2시간 이하로 제한해라.
- 외국어 배우기
- 악기 연주하기
- 합창단 활동
- 규칙적으로 운동하기

12~18세

- 달콤하거나 카페인 함량이 높은 음료를 마시지 않게 해라.
- 아이가 자신의 한계를 넘도록 계속 도전 의식을 북돋워라.
- 텔레비전을 포함한 영상물 시청 시간을 최소화해라.
- 규칙적인 운동으로 신체 활동을 유지하게 해라.
- 좋은 취침 의식과 수면 습관을 유지하게 해라.
- 침실에는 전자기기를 두지 않게 해라.

15장

생활습관:

두뇌활동의 효율을 극대화하는 규칙적인 일과 만들기

!

현대인들은 늘 깨어 있다. 끊임없이 최신 유행과 재미와 소통을 추구하고, 언제나 최고 속도로 달리느라 늘 잠이 부족하다. 특히 아이들에게는 어떤 일이 제일 잘되는 시간이 따로 있다는 개념이 낯설게 느껴질 것이다.

아이의 잠재력을 끌어내려면 아이의 두뇌활동 효율을 극대화하는 규칙적인 일과를 확립해야 한다. 이상적인 일과는 다음과 같다.

동이 트기 전

새벽 3시, 이상적으로는 부모와 아이 모두 깊이 잠들어 있고 체온이 가장 낮은 시간이다. 잠들어 있을 때도 뇌는 깨어 있을 때의 80%에 달하는 일을 한다. 기억을 통합하고, 단백질을 보충하고, 손상된 세포를 수리하고, 시냅스를 강화한다. 이제 곧 살면서 꾸는 20만 건의 꿈 가운데 하나를 꿀 것이다. 여자라면 악몽을 꿀 가능성이 더 크다. 렘수면, 즉 꿈꾸는 수면은 기억의 통합에 중요한 역할을 한다.

잠을 덜 자면 다음 날 결코 좋은 하루를 보낼 수 없다. 하루 수면 시간이 6시간 이하일 때의 몸 상태는 혈중 알코올 농도가 0.05%인 상태와 같다. 일주일 동안 계속 잠을 덜 자면 24시간 동안 연속으로 깨어 있는 것과 같은 상태가 된다. 잠이 부족하면 혈당을 조절하는 신체의 능력이 저하돼 노화가 더 빨리 진행되고 체중이 증가한다. 보통 허기를 더 잘 느끼고 탄수화물을 갈망하게 된다.

새벽 3~4시는 밤 수면의 절정기다. 이 시간에 깨어 있으면 심장의 기능이 저하되거나 위궤양에 걸리기 쉽다. 또한 업무상 오류와 승용차나 트럭의 충돌 사고를 일으키기 쉽다.

기상 시간

잠에서 깬 직후에는 심장 박동 수와 혈압이 급격하게 올라가고 혈중 코르티솔의 농도가 최고조에 달한다. 그러니 최대한 서서히 하루를 시작해라. 적어도 오전 7시에는 일어나는 것이 바람직하다.

기상하고 처음 30분 동안은 수행 능력이 한심할 정도로 낮으니, 중요한 결정은 내리지 않는 것이 좋다. 아이에게 따뜻한 물로 목욕하거나 샤워를 하게 해라. 그런 다음 태극권처럼 스트레칭과 균형 감각, 정확도, 소근육 조절력을 키우는 운동을 시켜라(궁수와 외과의는 오전에, 수영 선수와 육상 선수는 늦은 오후에 기량을 발휘한다).

아침 식사

아이의 집중력을 높이고 좋은 기분으로 하루를 시작하게 하려면 아침 식사를 고단백, 저탄수화물 식단으로 짜야 한다. 블루베리나 블랙베리 등 여러 가지 베리류를 갈아 넣은 단백질 셰이크 또는 오믈렛과 우유 한 잔을 먹여라. 과일 주스와 머핀은 피해라. 에너지 음료도 멀리하는 것이 좋다. 양질의 어린이용 종합비타민제와 1,000밀리그램 이상의 생선 오일 또는 크릴 오일도 먹이면 좋다.

오전 8시는 혈소판이 증가하고 농도가 짙어져 면도가 필요한 아이들에게는 면도하기에 좋은 시간이다. 테스토스테론의 수치가 가장 높은 시간도 이때다.

커피를 마시는 10대 아이라면 하루에 두 잔까지만 마시게 해라. 카페인은 졸음을 일으키는 천연화학물질인 아데노신의 수용체와 결합해 각성 효과를 낸다. 단, 낮에는 커피 대신 녹차를 마시게 해라.

체온은 한밤중에 36.1℃까지 떨어졌다가 하루 동안 여자아이는 평균 36.8℃까지, 남자아이는 36.7℃까지 올라간다. 체온이 올라가면 각성의 수준도 높아진다.

물과 단백질 셰이크, 아몬드 몇 줌, 칠면조 고기, 월남쌈을 점심 도시락으로 싸라. 물통을 꼭 챙기게 해라. 아이의 뇌에는 계속 수분이 공급돼야 한다.

오전

집중할 시간이다. 아이들은 오후보다 오전에 훨씬 더 쉽게 산만해진다. 집중을 방해하는 요소를 줄이고, 여러 가지 일을 한 번에 처리하게 하지 마라.

한 번에 두 가지 일을 하거나 배우려고 하면 둘 다 끝내지도, 배우지도 못한다. 다중작업을 하면 일을 끝내는 시간이 50% 더 길어질 뿐 아니라 위험해질 수도 있다. 운전하면서 통화하면 사고의 위험이 1.3배 높아지고, 전화를 걸거나 문자를 보내면 3배 높아진다.

아이가 하루 동안 하는 부수적인 운동의 양을 늘려라. 계단으로 다니게 해라. 계단을 내려가고 올라가면 활보를 하고 달리기를 할 때만큼 운동 효과를 볼 수 있다. 중간 강도의 운동을 하면 피로감을 덜 느끼게 된다.

아이들의 주의력은 기상 후 2시간 반에서 4시간 사이에 최고조에 달한다. 필요한 지식을 제대로 습득하기에 좋은 시간이다.

10대 아이들은 오전 11시경이 학습하기에 가장 좋은 시간이다. 어린 아이들은 보통 이른 아침에 집중을 잘하지만 10대는 늦은 아침에 집중을 제일 잘한다.

늦은 아침은 춤과 미술, 테니스나 골프 같은 새로운 운동 기술 등을 배우기에 가장 좋은 시간이기도 하다.

점심시간

점심은 이상적으로는 세끼 중 가장 충실하게 먹어야 한다. 통곡물과 생선, 칠면조 고기, 견과류, 콩류, 올리브유, 과일, 채소로 구성된 지중해식 식단을 따르려고 노력해라. 식사를 마치면 5분 동안 조용히 앉아 있다가 15분 동안 걷게 해라.

음식을 섭취하는 시간에 따라 체내 시계가 설정되니, 매일 거의 같은 시간에 식사하게 해라.

숨만 쉬어도 에너지 총소비량의 50~70%가 소비된다. 뇌에 20%, 심장과 신장에 10%, 간에 20%, 소화에는 최대 10%까지 쓰인다.

가능하면 10~20분의 낮잠을 재워 아이의 수행 능력과 학습 능력을 높여라. 낮잠을 재우면 아이의 정신적 배터리도 충전된다. 윈스턴 처칠은 낮잠을 자면 하루가 이틀이 된다고 말했다. 토머스 에디슨과 레오나르도 다빈치, 린든 존슨Lyndon Johnson 대통령과 같은 위인들도 모두 낮잠을 잤다.

이른 오후

아이들은 흔히 오후 2시 반에서 3시 반 사이에 뇌의 기능이 떨어져 실수가 잦아지고 학습 능률이 제일 낮아진다. 따라서 새로운 지식을 습득하거나 인간관계에 관한 문제를 자세히 논하기에는 결코 좋은 시간이 아니다. 아이가 이 시간에 세부적인 내용을 공부해야 한다면, 돌아다니면서 공부하게 하거나 그 정보를 아주 효과적으로 기록하는 법을 가르쳐라.

오후 시간에는 간식을 먹여 아이의 기분과 활력을 끌어올리는 것이 좋다. 간식으로는 아몬드와 사과가 특히 좋다. 어떤 아이들은 학교에서 돌아오면 렉스가 통제 불능 상태에 이르러 성질을 부린다. 그럴 때 간식을 주면 기분이 바뀔 것이다.

오후 시간은 혈압이 높아지긴 하나 치과 진료를 받기에 나쁜 시간은 아니다. 오후에 치과에서 마취를 받으면 오전에 받을 때보다 마취 효과가 3배 더 오래 지속된다.

늦은 오후

신체 활동을 하기에 최적의 시간이다. 우리 몸은 보통 늦은 오후에 최상의 상태가 된다. 이 시간에 운동하면 오전에 할 때보다 근력을 20% 더 쓸 수 있다. 심장 기능의 효율이 높고, 반응 시간이 제일 짧으며, 심부 체온도 절정에 달한다. 그래서 운동선수들의 기록은 대부분 오후 3~8시 사이에 측정한다. 간 기능도 오후 5~6시 사이에 가장 좋다.

저녁

저녁을 먹기 전에 20분간 차분한 시간을 보내라. 저녁은 점심보다 가볍게 먹고, 적어도 잠자리에 들기 3시간 전에는 먹어야 한다. 저녁에 먹은 음식이 위에서 소화되려면 점심에 먹은 음식이 소화될 때보다 50% 더 긴 시간이 걸린다. 저녁 식사를 마친 뒤 온 가족이 5분 동안 조용히 앉아 있다가 15분 동안 산책을 해라.

저녁에는 하루를 마무리하며 긴장을 풀어라. 어린아이들은 따뜻한 물로 목욕을 시켜라. 잠자리에 들기 1시간 전에는 조명을 낮추고(희미한 등만 켜라), 아이에게 허브차를 주고, 내일 할 일을 적은 목록을 조용히 살펴보게 해라. 저녁에는 멜라토닌이 증가하기 시작한다.

새로운 지식을 배우는 시기라면, 20분 동안 핵심 내용을 녹음한 테이프나 팟캐스트를 듣게 해라.

최소한 9시간 15분의 수면을 취할 수 있도록 취침 시간을 계산해 잠자리에 들게 해라. 텔레비전을 보거나 컴퓨터 게임을 하거나 잠자리에서 공부하는 것을 금지해라. 수면 주기는 90~120분 간격으로 반복된다는 사실을 고려해, 주기가 끝나는 시점에 기상하도록 시간을 맞춰라.

가족의 일과 짜기

오전 7시경에 기상해라.

고단백, 저탄수화물 아침을 먹어라. 체질에 맞으면 우유를 마셔라.

온종일 물을 마셔라. 에너지 음료는 피해라.

어린아이들은 이른 아침의 수업에 제일 잘 집중한다.

초등학생과 10대 아이들은 오전 11시경의 수업에 제일 잘 집중한다.

의학적으로 안전하다면 점심으로 칠면조 고기와 기름기 없는 소고기, 아몬드처럼 트립토판이 풍부한 음식을 먹어라.

휴식이 필요한 오후 2시 반에서 3시 반 사이는 친구들을 만나고 운동을 하기에 좋은 시간이다.

오후에는 사과나 아몬드처럼 건강에 좋은 간식을 먹어라.

저녁에는 조명을 낮추고 영상물의 시청 시간을 줄이고 취침을 준비하는 의식을 치러라.

16장

가치관:

탄탄한 윤리로 세상에 긍정적으로 기여하는 법

누군가가 비이성적인 입장을 취할 때, 그 입장을 철회하도록 이성적으로 설득할 수는 없다.

– 클라이브 제임스

한계에 도전하는 삶을 사는 사람은 때때로 피를 흘릴 수 있다. 우리는 흔히 잠재력의 불꽃이 사그라지고, 꿈의 크기가 줄어들고, 주로 자기 자신이 만든 유리 천장 아래에서 사는 안전한 삶에 만족한다.

부모가 아이의 잠재력을 끌어내면 아이는 두각을 드러낼 것이다. 주류에서 벗어나는 생각을 하고, 집중을 방해하는 오락물이 넘치는 세상에서 자신의 열정에 집중하고, 색다른 방식으로 생각을 구체화하고 연결할 것이다. 단순한 소비자에 머무르지 않고 창조자가 될 것이다.

두각을 드러내는 아이는 시기심의 대상이 될 수 있다. 인간은 누가 자신의 생각을 위협하면 그 사람을 조롱하고 무시하는 경향이 있기 때문이다. 따라서 부모는 아이가 탄탄한 윤리 기준을 세우도록 도와야 한다. 천재는 뽐내거나 서두르기보다 자신을 낮추고 인내한다. 무엇을 하든 재미를 중요시하지만, 그러면서도 세상에 긍정적인 기여를 한다.

아이를 그런 사람으로 키우려면 다른 사람들보다 도덕적 기준을 높이 세우게 해야 한다. 아이에게 숭고한 이상을 추구하는 법을 가르쳐라. 타인뿐 아니라 자기 자신에게도 최고가 되게 해라. 인격은 곧 그 사람의 정체성이며 아무도 보지 않을 때 하는 행동에서 드러난다. 인격은 곧 약속을 지키고 언행을 일치시키며 남이 보지 않아도 옳은 일을 하는 진실성이다.

아이들은 경험을 통해 배운다. 가정과 학교에서의 경험이 아이에게 너무나 중요한 이유는 그 경험이 아이의 뇌를 형성하기 때문이다.

아이들은 대체로 가치를 의식적으로 학습하기보다 온몸으로 흡수한다. 세상이 작동하는 방식을 관찰하고 그 방식대로 행동하면서, 비로소 자신의 도덕적 잣대를 만들어간다. 따라서 부모가 친절하고 다정하며 남을 배려할 뿐 아니라 모험을 즐기고 기꺼이 인생과 사상을 탐구하면, 그 삶의 방식이 아이에게 고스란히 전달된다.

끌어낸 잠재력을 세상을 긍정적으로 바꾸는 데 사용하지 못한다면 무슨 의미가 있겠는가. 이번 장에서는 아이가 세상에 긍정적인 기여를 하기 위해 갖춰야 할 덕목을 살펴볼 것이다. 물론 여기서는 다루지 않지만 정직과 진실성, 친절과 같은 좋은 사람의 덕목도 세상에 기여하는 천재의 특징이다. 필자의 이전 책 《까다로운 10대들Tricky Teens》에는 이와 관련해 부모가 자녀와 나눠야 하는 필수적인 대화들이 실려 있다. 이 주제에 관해 더 자세히 토론하고 싶다면 읽어보길 바란다.

집중을 잘한다

우리는 도중에 끊기지 않는 지속적인 사고와 대화가 극히 드문, 주의 산만의 시대에 살고 있다. 하지만 부모와 선생님이 지도하면 아이가 집중하는 시간을 점점 늘릴 수 있다. 끝마치기까지 시간이 걸리는 게임이나 미술품, 대화, 과제 등이 모두 아이의 집중력을 키우는 데 도움이 된다.

주의를 돌리거나 즐거움을 선사해 렉스를 만족시키고 싶어 하는 세상에서 집중력을 키우려면 엄청난 정신력이 필요하다. 그리고 그 정신을 집중할 하나의 대상이 필요하다. 스티븐 코비는 이를 두고 "제일 중요한 일은, 제일 중요한 일을 제일 중요한 일답게 처리하는 것이다"라는 명언을 남겼다.

생각이 깊다

뿌리 깊은 신념에 의문을 제기하는 사람은 심각한 곤경에 빠질 수 있다. 하지만 천재가 세상을 바꾸고 싶다는 갑작스러운 충동을 느끼는 것은 현상 유지에 반기를 들면서부터다.

저녁 식사 자리에서 "그건 왜 그럴까?"나 "그건 왜 더 ~가 될 수 없었을까?"로 시작하는 대화를 아이와 나누면 아이의 창의적인 사고에 불을 지필 수 있다. 아이의 호기심을 키우고 유지시켜라. 아이가 충분히 고민하지 않은 선부른 생각을 내놓더라도 가만히 지켜봐라. 생각의 불씨가 타오를 때까지 그 생각을 비틀고 뒤집으며 가지고 놀게 해라.

자신의 생각을 너무 일찍 세상에 공개하지 않게 해라. 설익은 생각은 가치가 있더라도 폄하와 조롱의 대상이 될 수 있다. 그보다는 부모에게 먼저 그 생각을 공유하고 의논하게 하고, 세상을 바라보는 새로운 시각을 부화시킬 공간을 제공해라.

사고 실험(머릿속에서 조건을 가정하고 진행하는 실험-옮긴이)을 하는 방법을 소개하고 아이와 함께 해볼 수도 있다(www.toptenz.net/top-10-most-famous-thought-experiments.php 참고).

성급한 편의주의가 팽배한 세상에서 생각이 깊은 아이는 두각을 드러낸다.

계획적이다

즉각적인 만족을 추구하는 세상에서 눈에 띄는 사람은 계획적인 사람이다. 미래는 계획하고 창조하는 사람들의 것이다.

계획하고, 목표를 이루는 여러 방법의 장단점을 따지고, 행동의 결과를 숙고하는 법을 아이에게 몸소 보여줄 수 있는 부모는 대단한 능력의 소유자다. 이 능력을 갖춘 사람은 그리 많지 않다. 대부분 제일 먼저 떠오르는 생각을 행동으로 옮기고, 그 행동이 먹히지 않으면 그다음으로 떠오르는 생각을 실행한다. 계획하지 않은 탓에 불필요한 일을 하는 데 너무 많은 에너지를 소모한다.

계획을 하면 목적의식이 생긴다. 아이에게 수단과 목표의 상관관계를 가르쳐라. 부도덕하거나 폭력적인 수단으로는 좋은 결과를 얻기 어렵다.

목적의식이 생기면 행동에 확신과 신뢰를 갖게 된다. 일반적으로 천재는 시간 낭비를 하지 않는다. 의도적으로 하나의 대상에 초점을 맞추고 열정적으로 관심 분야를 파고든다.

그럼에도 천재는 대부분 자신이 하는 일을 일이라고 말하지 않는다. 하나의 생각이나 개념을 탐구하고 발견하는 즐거움이라고 여길 뿐이며, 나중에서야 그것이 일이었음을 알게 된다.

결단력이 있다

천재는 사람들이 많이 다니는 길로만 가지 않는다. 앞으로 나아갈 새로운 방법과 새로운 목적지를 독자적으로 찾는다. 새로운 길을 탐험하다 보면 어쩔 수 없이 불확실성에 직면하게 된다. 앞으로 나아갈 최선의 길이 보이지 않는다면, 그럴 때는 사냥개처럼 행동해야 한다. 가만히 멈춰 두 귀를 쫑긋 세우고 바람의 냄새를 맡으면서 길의 흔적을 찾고 개척해야 한다.

현대 사회는 불확실성을 용납하지 않는다. 깊은 사고를 해야 복잡한 문제를 풀 수 있는 세상에서는 모호하고 의심스러운 상황을 용인하는 태도가 필수적이다. 모르는 것은 아는 척하는 것보다 낫다.

작가 스콧 피츠제럴드는 이렇게 말했다. "최고 수준의 지능은 마음속에 대립하는 2개의 생각을 동시에 품으면서도 정상적으로 기능할 수 있는 능력이다."

최선의 결정을 내리려면 먼저 얼마 동안 깊이 생각해야 한다. 우리는 흔히 결정을 내리기 전에 고심하는 과정을 거치지 않기 때문에 이미 쓸모없는 것으로 드러난 생각과 행동을 거듭한다. 이 악순환은 끊임없이 반복된다.

아이가 그런 상황에 처해 있다면, 그 순간에 내릴 수 있는 최선의 결정을 내리게 해라. 그런 다음에는 곧바로 그 결정을 실행하지 말고, 시간을 들여 그 결정이 옳은지 확인하는 과정을 거치게 해라.

끈질기다

새로운 지식과 기술을 창조할 때는 일시적인 실패를 피할 수 없다. 자신이 속한 세계를 확장하는 법을 배운 아이는 자신이 현재 지닌 한계를 극복하고, 지식과 이해의 경계를 더 쉽게 넓힐 수 있다. 실패는 노력의 일부분이고 노력은 전문성을 키운다.

의욕의 상실은 대부분 불안감과 관련이 있다. 누구나 불안감을 느낄 수 있지만, 모두가 불안감 때문에 하던 일을 멈추지는 않는다는 사실을 아이가 깨닫게 해라. 천재는 주도적으로 학습하기 위해 간단한 시스템을 구축하고 따른다. 어릴 때 시스템을 구축하는 법을 배우지 않은 부모일지라도 자녀에게 그 방법을 가르칠 수 있다. (앞의 6, 8, 11, 13장이 특히 도움이 될 것이다.)

긍정적이고 자신감이 있다

결과와 순위에 집착하는 세상에서 아이가 한 일의 결과보다 노력을, 완성품보다 과정을, 성과보다 자기 인식을 평가하는 데 에너지를 쏟으려면 부모가 확고한 마음을 먹어야 한다. 자신이 이미 천재라는 사실을 아이가 깨닫게 해라. "너도 훌륭한 일을 할 수 있다"라고 격려한 다음, 아이가 기울이는 노력에 초점을 맞춰 평가해라.

성과를 내야 한다는 부담을 없애면 아이는 나름의 방식으로 자신의 잠재력을 탐색하고 개선해 드러낼 것이다.

아이의 경력이나 능력이 절정에 이를 때의 세상은 지금과는 몰라보게 달라져 있을 것이다. 미래에 무엇이 가치 있을지는 누구도 예측할 수 없으니, 아이가 하는 일의 가치를 판단하려 하지 마라. 지금 아이를 위해 할 수 있는 일은 아이가 스스로에 대한 믿음을 바탕으로 자신감을 갖고 적극적으로 관심사를 파고들어 잠재력을 실현하도록 돕는 것뿐이다. 이를 위해 아이의 열정과 노력, 호기심에 초점을 맞춰 칭찬해라.

창의적이고 상상력이 풍부하다

상식이 춤을 추면 유머가 된다.

– 클라이브 제임스

세상은 창의성과 상상력이 중요하다고 말하지만 현실은 다르다. 학교는 주로 수학과 국어처럼 유효성을 평가받는 분야에 집중한다. 주변의 어른들을 둘러보라. 적극적으로 노는 사람이 몇 명이나 되는가? 농구나 축구 시합을 하고 때로는 스포츠 중계방송을 보는 사람이 많은데, 거기서도 상대를 이기는 것을 중시할 뿐 놀이 자체가 재미있어서 하는 사람은 많지 않다. 경쟁을 즐길 수는 있어도 진심으로 놀이에 몰입하는 사람은 거의 없을 것이다.

부모 자신의 일상에 놀이를 다시 끌어들여 놀이의 중요성을 아이에게 몸소 보여줘라. 이와 관련해 영감을 얻고 싶다면 줄리아 카메론Julia Cameron의 《아티스트 웨이The Artist's Way》와 닉 밴톡Nick Bantock의 《사기꾼의 모자: 말썽꾸러기의 창의성 연습The Trickster's Hat: a mischievous apprenticeship in creativity》을 시작점으로 삼아라.[1]

그림 그리기, 조각하기, 점토 모형 만들기, 뜨개질하기, 옷감 짜기, 책 읽기, 글짓기, 낙서하기, 노래하기, 춤추기 등을 하며 부모가 먼저 노는 모습을 보여주면 아이에게 강력한 메시지가 전달될 것이다. 놀이는 상상력과 창의성의 원천이자 누구나 할 수 있다는 메시지 말이다.

정리를 잘한다

그 어느 때보다 정보를 저장할 방법이 많아졌지만, 쏟아지는 정보에 압도당하는 느낌을 받는 사람도 그 어느 때보다 많아졌다. 정보의 재고 현황을 조사하게 해라. 이 책에 제시된, 정보를 저장하고 분류하고 정리하는 방법을 실천하게 해라.

요즘에는 정보가 바뀌고 쏟아지는 속도에 압도돼 어찌할 바를 모르는 사람이 많다. 그러나 천재는 정보에서 기회를 포착해 다른 사람들에게 명확하게 전달하는 능력으로 사회에 공헌한다. 정보의 핵심을 집어내고 저장하고 정리해 새로운 방식으로 적용하는 능력이 있는 아이는 자신의 잠재력을 꽃피울 수 있다.

박식하다

지금까지 살펴본, 아이의 잠재력을 끌어내는 방법 중에 딱 하나만 쓸 수 있다면 기억력을 높이는 방법을 택해야 할 것이다. 기억력과 지능과 잠재력은 서로 밀접하게 연관돼 있다. 기억력을 높이면 아이는 평생 활용할 수 있는 기술을 갖추게 된다.

참고로, 아이의 기억력과 학습 능력을 높이는 데 사용할 수 있는 프로그램은 많다. 그 도구들은 수시로 업데이트가 되기 때문에 이 책에서는 일부러 소개하지 않았다. 필자의 개인 웹사이트(www.andrewfuller.com.au)와 페이스북 페이지(The Learning Brain)를 방문하면 최신 버전을 만날 수 있으니 참고하길 바란다.

용감하다

아이가 자신의 강점을 키우되 어려운 일을 먼저 하게 하라는 조언은 모순되게 들릴지도 모르겠다. 하지만 아이의 잠재력을 끌어내려면 반드시 따라야 할 조언이다.

천재는 보통 익숙하지 않거나 잘하지 못하는 분야에 용감하게 뛰어든다. 처음에는 어렵게 느껴지더라도, 실수하고 그 실수를 천천히 바로잡는 법을 배울 수 있기 때문이다. 물론 답답할 때도 있지만, 그런 과정을 통해 체계적으로 실력을 키울 수 있다. 어떤 일이든 숙달하려면 반복해야 한다.

아이가 자신 없는 일을 연습할 때는 시험 삼아 한번 해본다는 마음을 먹게 해라. 아이가 잠재력을 꽃피우도록 도울 때 부모가 중요시해야 할 것은 실력을 빨리 키우는 것이 아니라 세상을 확장하는 것이다.

사교적이고 명랑하다

가장 중요한 천재의 덕목은 좋은 인간관계를 맺는 능력이다. 살면서 맺는 인간관계의 질은 절대다수의 행복을 결정하는 가장 강력한 요인이다.

사람들과 좋은 관계를 맺는 법, 그리고 관계에 문제가 생겼을 때 바로잡는 법을 가르쳐라. 자신이 대접받고 싶은 대로 남을 대접하라는 인간관계의 황금률을 따르게 해라.

누구의 의견도 항상 옳을 수는 없다는 사실을 깨닫게 해라. 일반적으로 천재는 주류와 다르게 생각하고 행동하므로, 그 생각에 위협을 느낀 사람들에게 공격당해 상처를 입을 수 있다. 괴롭히고 억압하는 행동의 이면에는 사람들의 공포가 숨어 있다는 사실을 인식하되, 그런 행동을 정당하거나 용인할 수 있는 행동으로 받아들이지는 않게 해라. 인간은 누구나 합당한 대우를 받을 권리가 있고, 그것은 아이들도 마찬가지다.

이를 두고 나의 친구이자 동료인 닐 호크스Neil Hawks는 괴테의 말을 즐겨 인용한다. "상대방을 있는 그대로의 존재로 대우하면, 그 사람은 지금보다 나빠진다. 상대방을 될 수 있고 돼야 하는 가장 이상적인 존재로 대우하면, 그 사람은 실제로 그런 존재가 된다."

무엇보다, 기발한 발상이 떠오르는 순간은 생각을 가지고 놀거나 여러 개의 개념을 동시에 다루거나 사고를 전환할 때임을 명심해라.

자녀의 잠재력을 끌어내고자 이 여행에 동참해준 모두에게 감사의 뜻을 전하고 싶다. 부디 이 책이 모서리가 접히고 밑줄이 그어진 채로 집 안

곳곳에서 발견되는, 그만큼 자주 펼쳐보는 책이 되길 바란다.

끝으로 아이의 잠재력을 꽃피우기 위해 부모가 할 수 있는 일 두 가지를 소개한다.

첫째, 부모 자신의 잠재력을 아끼고 존중해라.

둘째, 더 많이 놀아라.

•감사의 말

이 책은 여러 사람의 아이디어를 토대로 완성됐다. 책이란 어느 정도는 공동의 작품이다. 이 책은 매력적인 출판 담당자들인 렉스 핀치, 로라 분, 서맨사 마일스와 시드니에서 점심을 먹으며 처음 기획했다.

출간되기 전 시간을 들여 필자의 원고를 읽어준 이들에게 감사드린다. 기발한 아이디어를 제공한 비키 풀러, 날카로운 지적을 해준 비키 하틀리, 수학의 묘미를 깨닫게 해준 로레인 데이, 천재성의 불꽃을 키우는 멋진 방법을 알려준 조지 너튼 박사, 명확하고 사려 깊은 생각을 공유해준 브렌다 호스킹, 조부모의 역할이 얼마나 중요한지 깨우쳐준 피터 위킹, 풍자적이고 통찰력 있는 의견을 제시한 마크 홀랜드, 큰 실수를 피하게 해주고 이 분야의 요령을 가르쳐준 캐런 맥그로 박사, 실용적이고 명확한 사고와 통찰력으로 도움을 준 디 비어덜, 학교 교육의 효율을 극대화할 방법을 함께 논의해준 앤서니 비어덜, 의도적인 연습의 개념과 고등학교 때 정점을 찍으면 안 되는 이유를 알려준 팀 비어덜에게 감사를 표한다. 모두 보석 같은 사람들이다!

존 호티와 멜 로린의 기발한 발상과 학식에도 경의를 표한다.

또한 이 책에 소중한 아이디어와 의견, 영감을 준 사람들에게 감사드린다. 밥 벨하우스, 노엘 크랜스윅, 폴 딜런, 메리 두마, 로드 던갠, 루시 풀러, 샘 풀러, 닐과 제인 호크스, 존 헨드리, 테리 잰즈, 넬 존스, 올라 크루핀스카, 이언 라르센, 케이티 맥내머러, 론 맥닐리, 크리스 매키, 신디 매더스, 캐럴린 메이어, 마이클 네이걸, 라메크 마노차, 피터 오코너, 밥 샤플스, 리즈와 트레버 시핸, 미셸 실바, 헬렌 스트리트, 데이비드 타이슨, 베르트 반 헤일린, 앤드루 위킹, 피터 윌트셔와 폴 우드. 이분들이야말로 천재다!

•주석

서문

1 J. 해티(2009), 시각적 학습: 학업 성취도에 관한 800건 이상의 메타분석 통합, 루틀리지: 뉴욕; J. 해티(2012), 선생님들을 위한 시각적 학습: 학습에 미치는 영향을 극대화하다, 루틀리지: 런던; J. 해티, G. 예이츠(2014), 시각적 학습과 학습 방식의 과학, 루틀리지: 런던.

1장

1 J.R. 플린(2012), 복잡한 세상을 단순하게 여는 20가지 열쇠, 와일리 블랙웰: 몰든.

2 하워드 라인골드(2012), 두뇌 증폭기: 디지털 도구로 인간은 더 똑똑해질 수 있을까?, 테드 북스: 테드 콘퍼런스, 2012년 9월 26일.

3 P. 엘리어드(2001), 새천년을 위한 아이디어, 멜버른대학교 출판부: 멜버른; R. 커즈와일(2005), 특이점이 온다: 기술이 인간을 초월하는 순간, 바이킹: 뉴욕; A. 토플러, H. 토플러(2006), 부의 미래, 크노프: 뉴욕.

4 G.A. 랜드(1986), 성장하거나 죽거나: 변화의 통합적 원칙, 존 와일리 앤 선스.

5 N. 도이지(2007), 기적을 부르는 뇌, 스크라이브: 뉴욕; J.N. 기드, J. 스넬, J.C. 랑게, B.J. 라

자팍세, B.J. 케이시, P.L. 코주흐, A.C. 바이투지스, Y.C. 보스, S.D. 햄버거, D. 케이슨, J.L. 라포포르트(1996), '인간 두뇌 개발의 정량적 자기 공명 영상: 4~18세', 대뇌피질, 6, pp. 551-560; K. 로빈슨, L. 아로니카(2009), 기본: 열정을 찾으면 모든 것이 바뀐다, 펭귄: 뉴욕.
6 톰슨, C.(2010) 훌륭한 생각 2.0: 직장과 가정에서 창의성 끌어내기, 스털링 퍼블리싱: 온타리오.
7 P. 로스(2006), '전문가의 두뇌', 미국의 과학, 8월, pp. 46-53; E.B. 버거, M. 스타버드(2012), 효율적 사고의 다섯 가지 요소, 프린스턴대학교: 프린스턴.
8 M. 베커, N. 맥엘베이니, M. 코르텐브룩(2010), '읽기 능력의 예측 변수로 작용하는 내적 및 외적 읽기 동기: 종적 연구', 교육 심리학 저널, 102, 4, pp. 773-785; E. 샤프너, U. 스키플, H. 울프츠(2013), '독해력에 영향을 미치는 내적 및 외적 읽기 동기의 매개체로서의 독서량', 독서 연구 계간지, 48(4), pp. 369-385; K.A. 에릭슨, P 펠토비치(2006), 케임브리지대학교 출판부: 케임브리지.
9 하이디 제이컵스(2010) 교육 과정, 21: 변화하는 세상에 맞는 필수 교육, ASCD: 알렉산드리아.

2장

1 http://oliveremberton.com, 25.11.14.
2 www.quora.com/Procrastination/How-do-I-get-over-my-bad-habit-of-procrastinating, 25.11.14.
3 아이의 심리학, 장 피아제(1969), 바벨 인헬더, 베이식 북스. 뉴욕, 바렐.
4 S. 그린필드(1997), 휴먼 브레인: 수전 그린필드가 들려주는 뇌과학의 신비, 베이식 북스: 뉴욕.

3장

1 G. 콜빈(2008), 월드 클래스 퍼포머들은 어떻게 다른가, 니콜라스 브렐리 퍼블리싱: 런던.

2 아레긴-토프트, 약자가 전쟁에서 이기는 법, web.stanford.edu/class/polisci211z/2.2/Arreguin-Toft%20IS%202001.pdf, 25.11.14; M. 글래드웰(2014), 다윗과 골리앗: 강자를 이기는 약자의 기술, 펭귄: 런던.

4장

1 멜 러바인(2002), 아이의 뇌를 읽으면 아이의 미래가 보인다, 사이먼 & 스후스테르: 뉴욕.

5장

1 A. 고프닉, A. 멜초프, P. 쿨(1999), 아기의 사고법, 바이덴펠트와 니콜슨: 런던.
2 D. 호프스태터, E. 샌더(2013), 사고의 표면과 본질 및 연료와 불, 베이식 북스: 뉴욕.
3 R.J. 마르차노, D. 피커링, J.E. 폴록(2001), 효과적인 수업, ASCD: USA.
4 닥터 수스(1960), 너는 어디든 갈 수 있단다!, 랜덤하우스: 뉴욕.
5 S.W. 바우어, J. 와이즈(2000), 아이 교육, W.W.노튼: 런던.
6 www.brainyquote.com/quotes/authors/l/linus_pauling.htm.
7 en.wikipedia.org/wiki/sylvan_Goldman.
8 www.brainyquote.com/quotes/quotes/m/michaeljor127660.html.
9 핑크 팬더 4: 핑크 팬더의 역습, 1976년.
10 D. 애덤스, 은하수를 여행하는 히치하이커를 위한 안내서, 1979-1992, 랜덤하우스 퍼블리싱 그룹: 뉴욕.

6장

1 W. 미셸(2014), 마시멜로 실험: 스탠퍼드대학교 인생 변화 프로젝트, 트랜스월드 디지털.
2 D.M. 퍼거슨, '크라이스트처치 아동 건강 및 발달 연구', www.otago.ac.nz/christchurch/

research/healthdevelopment/, www.hrc.govt.nz/sites/default/files/HRC31fergusson.pdf, 25.11.14.

3 A. 다이아몬드(2013), '실행 기능', 연례 심리학 보고서, 64: pp. 135-68.

7장

1 제임스 클리어, jamesclear.com/blog, jamesclear.com/how-to-focus, 25.11.14.

8장

1 앤절라 더크워스, sites.sas.upenn.edu/duckworth.; A. 고스(2013), "학생들의 시험 점수, '근성'이 IQ보다 중요함을 입증하다", 비즈니스 인사이더 오스트레일리아, 2013년 5월 29일

2 J.P. 지(2003), 학습 능력과 읽기 능력의 개발을 위해 비디오 게임에서 배울 점, 팰그레이브: 런던.

3 B.F. 스키너, www.simplypsychology.org/operant-conditioning.html.

4 K.C. 베리지, T.E. 로빈슨(1998), '보상 체계와 관련한 도파민 역할: 쾌락 증진, 보상 학습, 유인적 현저성을 중심으로', 뇌 연구 보고서, 28, pp. 309-369.

5 W.T. 골웨이(1973), 테니스의 심리 게임, 팬: 켄트.

6 E.L. 데시, R. 케스트너, R.M. 라이언(1999), '외적 보상이 내적 동기에 미치는 영향을 연구한 실험들의 메타 분석 보고서', 심리학 회보, 125, pp. 627-688.

9장

1 A. 반두라(1997), 자기 효능감: 자기 통제력의 행사, 워스 퍼블리셔.

2 C. 드웩(2006), 성공의 새로운 심리학, 밸런타인 북스: 뉴욕.

3 마시, H.W.(1990) '내적 및 외적 준거 틀이 수학과 영어의 자기 개념 형성에 미치는 영향', 교육 심리학 저널, 82, 1, 107-116.
4 C. 드웩(2010), '사고방식과 공평한 교육', 리더십 원칙, pp. 26-29.

10장

1 M.A. 런코, G. 밀러, S. 에이카, B. 크래몬드(2010), '사적 및 공적 성취도의 예측 변수로서의 토랜스 창의적 사고력 검사: 50년 추적 연구', 창의성 연구 저널, 22, 4, pp. 361-368.
2 K.H. 킴(2011), "창의성의 위기: 토랜스 창의적 사고력 검사에서 창의적 사고력 점수 하락", 창의성 연구 저널, 23, 4, pp. 285-295.
3 M. 커리(2013), 리추얼, 크노프: 뉴욕.
4 G.A. 랜드(1986). 성장하거나 죽거나: 변화의 통합 원칙, 존 와일리 앤 선스.
5 E. 드 보노(1999), 여섯 개의 생각하는 모자, 백베이: 뉴욕.
6 www.hybridcars.com/forums/showthread.php?100666-who...Smart-Car.
7 www.medicinenet.com.
8 www.nytimes.com/2012/02/19/magazine/who-made-that-artificial-snow.html?_r=0.

11장

1 D.T. 윌링엄(2009), 왜 학생들은 학교를 좋아하지 않을까?, 조시-배스: 샌프란시스코; R.J. 마르차노, D. 피커링, J.E. 폴록(2001), 효과적인 수업, ASCD: USA.
2 뇌 기반 학습법 전자 설명서, www.andrewfuller.com.au.
3 학업적 성공을 예측하는 강력한 두 가지 변수, 필기하기와 유사점 및 차이점 찾기를 모두 할 수 있는 코넬식 필기법을 각색한 방법이다. betterlesson.com/community/

document/3260178/cornellsystem-pdf. 그리고 미들웹(www.middleweb.com)에서 필기법과 반복에 관해 토론해준 친구들과 동료들에게도 감사의 뜻을 전하고 싶다.

4 마르차노, D. 피커링, J.E. 폴록(2001), 효과적인 수업, ASCD: USA.

12장

1 P. 마르케(2001), '학습 및 기억과 관련한 수면의 역할', 사이언스, 294, pp. 1048-1052.

2 A. 모한티, R. 플린트(2001), '정서적 및 비정서적 공간 기억 과제 해결에 미치는 포도당의 차별적 영향', 인지·감정·행동신경과학, 1(1) pp. 90-95; N. 모리스, P. 살(2001), '포도당 음료가 아침을 거른 학생들의 청해력 향상에 미치는 영향', 교육 연구, 43, 2, pp. 201-207.

3 K.B. 클락, D.K. 나리토쿠, D.C. 스미스, R.A. 브라우닝, R.A. 옌센(1999), '인체의 미주신경을 자극한 후 강화된 재인 기억 연구', 네이처 신경과학, 2, pp. 94-98.

4 D.A. 수자(2005), 뇌가 학습하는 법, 코윈: 캘리포니아.

5 D.A. 수자(2005), 뇌가 학습하는 법, 코윈: 캘리포니아.

6 H. 로레인(1963), 수퍼 파워 기억력을 개발하는 법, 소슨: 런던.

7 P.C. 브라운, H.L. 로디거, M.A. 맥대니얼(2014), 어떻게 공부할 것인가: 최신 인지심리학이 밝혀낸 성공적인 학습의 과학, 벨크냅 출판부: 케임브리지.

13장

1 M. 커리(2013), 리추얼, 크노프: 뉴욕.

2 G. 콜빈(2008), 월드 클래스 퍼포머들은 어떻게 다른가, 니콜라스 브렐리 퍼블리싱: 런던; J. 로허, J. 슈워츠(2005) 몸과 영혼의 에너지 발전소, 프리 프레스: 뉴욕.

3 P.C. 브라운, H.L. 로디거, M.A. 맥대니얼(2014), 어떻게 공부할 것인가: 최신 인지심리학이 밝혀낸 성공적인 학습의 과학, 벨크냅 출판부: 케임브리지; C. 두히그(2012), 습관의 힘: 반복

되는 행동이 만드는 극적인 변화, 하이네만: 런던.

4 뉴욕타임스, well.blogs.nytimes.com/2014/10/06/better-ways-to-learn.

5 뉴욕타임스, 위와 같은 주소.

6 W.T. 골웨이(2010), 테니스의 심리 게임: 최상의 경기력을 발휘할 때의 심리 상태 분석, 랜덤 하우스.

14장

1 다양한 연구 결과를 통합적으로 인용했다. 특히 다음의 책을 주로 인용했다. M.S. 가자니가 (2004), 인지 신경과학 Ⅲ, MIT 출판부: 런던.

2 S. 한맨(2003), '정서적 뇌와 냄새의 상관관계', 네이처 신경과학, 6, 2, pp. 106-108.

3 A. 모한티, R. 플린트(2001), '정서적 및 비정서적 공간 기억 과제 해결에 미치는 포도당의 차별적 영향', 인지·감정·행동신경과학, 1(1) pp. 90-95; N. 모리스, P. 살(2001), '포도당 음료가 아침을 거른 학생들의 청해력 향상에 미치는 영향', 교육 연구, 43, 2, pp. 201-207.

4 D. 아멘(2005), 똑똑한 뇌 더 똑똑하게 만들기, 하모니 북스: 뉴욕; J. 로스(2002), 기분 치료, 소슨: 런던.

5 D.B. 하몬(1991), '맞춤 교실', J. 리버맨, 미래 의학, 베어 앤 코 퍼블리싱: 산타페.

6 W. 런던(1988), '뇌/정신에 관한 회보 모음', 뉴 센스 회보, 4월 13일, 7c.

7 T.N. 말리아렌코, G.A. 쿠라예프, 유 E. 말리아렌코, M.V. 크바토바스, N.G. 로마노바, V.I. 구리나(1996), '음악의 장기적 자극이 4세 아동의 뇌의 전기적 활동에 미치는 영향', 인체 생리학, 22, pp. 76-81.

8 M. 러바인(2002), 아이의 뇌를 읽으면 아이의 미래가 보인다, 사이먼 앤 스후스테르: 뉴욕.

9 S. 코비(1994), 소중한 것을 먼저 하라, 사이먼 앤 스후스테르: 영국.

16장

1 J. 카메론(1992), 아티스트 웨이: 나를 위한 12주간의 창조성 워크숍, 펭귄: 뉴욕; N. 밴톡 (2014), 사기꾼의 모자: 말썽꾸러기의 창의성 연습, 페리지: 뉴욕.

지능·재능·환경을 뛰어넘어 자녀의 공부와 성공 IQ를 키워주는 법

내 아이를 위한 완벽한 교육법

초판 1쇄 발행 2017년 7월 20일
초판 2쇄 발행 2020년 12월 28일
지은이 앤드루 풀러 **옮긴이** 백지선

펴낸이 민혜영
펴낸곳 (주)카시오페아 출판사
주소 서울시 마포구 월드컵로 14길 56, 2층
전화 02-303-5580 | **팩스** 02-2179-8768
홈페이지 www.cassiopeiabook.com | **전자우편** editor@cassiopeiabook.com
출판등록 2012년12월 27일 제2014-000277호
편집 최유진, 위유나, 진다영 | **디자인** 고광표, 최예슬 | **마케팅** 허경아, 김철, 홍수연

ISBN 979-11-85952-92-5

이 도서의 국립중앙도서관 출판시도서목록(CIP)은 서지정보유통지원시스템 홈페이지(http://seoji.nl.go.kr)와 국가자료공동목록시스템(http: //www.nl.go.kr/kolisnet)에서 이용하실 수 있습니다. CIP제어번호: CIP2017016275